はじめよう！柴犬ぐらし

監修 Can! Do! Pet Dog School 西川文二
マンガ・イラスト 影山直美

西東社

柴犬ってどんな犬？

つぶらな瞳、
モフモフの毛並み、

無防備なオシリ、
くるんと巻いたしっぽがたまらないね

イヤイヤ
散歩拒否

でも
かわいいと思って
甘く見ていると…

イヤイヤ
抱っこ拒否

飽きられたオモチャ
もうイイや!
遊び拒否

犬は陽気でフレンドリー！
そんなイメージをくつがえす

マイペースなガンコ者、
それが柴犬です。

そしてそれが、
柴犬の魅力でもあるのです。

柴犬の魅力に
とりつかれ
柴犬とともに
暮らしたい！と願う
すべての人へ、

柴犬のかわいさも
柴犬の困ったところも
柴犬の育て方も、つき合い方も
この本ではすべてをご紹介します。

縁あって迎える柴を、
世界一幸せな柴にするために。
そして、
世界一幸せな飼い主になるために。

さあ、柴犬ぐらしを始めましょう！

はじめまして、
影山直美と申します。
柴犬飼い歴22年の
イラストレーターです。
僭越ながらこの本のガイドを
つとめさせていただきます。
柴犬って本当にかわいくて、
でも手間のかかる部分もあって……
そんな柴犬と仲良く暮らすコツを
皆さまと一緒に
見て行きたいと思います。

歴代 柴犬たち
ガク♂
元・保護犬
人なつこいが
ちょっとビビリ屋
こま♀
おてんば娘
人も犬も
大好き
テツ♂
しつけには
手をやいたが
晩年は
落ち着いた
ゴン♂
明るくて
細かいことは
気にしない

この本の監修をつとめます、
西川文二と申します。
ＪＡＨＡ認定
家庭犬しつけインストラクターです。
私のモットーは学習の心理学、脳科学、
最新の動物行動学にもとづいた
犬のしつけ。
現在では犬の飼い方も、
トレーニング方法も、
昔の常識とは大きく変わっています。
本書では人も犬も幸せになれる
しつけと飼育方法を
ご紹介したいと思います。

ＪＡＨＡ…公益社団法人　日本動物病院協会

もくじ

④ 楽しみながら！ トレーニング

⑤ いがいと多い… 問題行動

6 めざせご長寿 健康管理

COLUMN PAGE

①

お迎えのまえに

柴飼いの心構え

予備知識

柴犬はまるで小さなオオカミ!?

柴犬は、祖先であるオオカミに最も近い犬種という説があります。
柴犬
オオカミ
ハスキーよりもオオカミに近いというから意外…
ハスキー
柴犬
そのせいかわかりませんが警戒心が強く、あまり人懐こくないといわれています。
オヤツあるよー
疑いの目
モモちゃんオハヨー
ほんとは動物病院に連れて行きたい
ツーン
もちろん例外も
おーよしよし
ゴン

※犬はオオカミから派生したことは事実ですが、家畜化によりその行動の特徴はオオカミとは異なります。

日本犬は飼い主に忠実ともいわれますねぇ。
ハチ〜
ハチは秋田犬ですが…
忠犬ハチ公
西川先生
ぬっ
残念ながらそれはちがいますね
わっ
日本犬はもともと忠実だと思いこんでいるのかもしれないけど…
忠犬ハチ公
夢破れたり…
警戒心が強くて飼い主以外の人とは距離をおくからそう見えるだけなんだ
その警戒心からきちんとしつけないと手のつけられない犬になってしまうこともあるんだよ…
ぐいぐい
ワン
ワン
がじがじ
うーん思いあたるフシありだわ…

柴犬は「原始の犬」なのだ

柴犬と日本人は縄文時代からのパートナー！

柴犬の魅力をひと言でいうならば、〝素朴〟ではないでしょうか。柴犬の原型となる犬は縄文時代にすでに存在していたといわれ、現在まで品種改良を加えず昔とほぼ変わらない姿で残っているのが柴犬です。あるときは猟師とともに獲物を追う狩猟犬として、またあるときは家庭を守る番犬としていつも日本人のそばにいました。

現在でも人気犬種として普遍の人気を誇る柴犬ですが、それは私たち日本人のなかに、柴犬と歩んできた長い歴史が刻み込まれているせいかもしれません。

かわいい顔をしてオオカミに近い犬種

JKC（ジャパンケネルクラブ／犬の血統書発行団体）では、柴犬は「原始的な犬（PRIMITIVE TYPES）」のカテゴリーに入っています。また、海外のDNA研究によると、柴犬は犬の祖先であるオオカミに最も近い犬種のひとつであることがわかっています。外見としてはよりオオカミに似ているシベリアン・ハスキーよりも、柴犬のほうがオオカミに近いのです。そのせいか、独立心やなわばり意識が強く人に媚びない性格といわれています。姿形だけでなく、性格も原始的といえるのかもしれません。

知ってる？ 絶滅の危機もあった柴犬

明治時代になると海外から洋犬が日本に多く持ち込まれ交雑が進み、純粋な日本犬は激減してしまいました。それに危機感を感じた人々が昭和3年に日本犬保存会を発足。昭和11年、柴犬は天然記念物として指定されました。その後まもなく太平洋戦争が始まり、家庭犬は軍用の毛皮や食糧として徴収されます。犬を飼っていることが見つかれば危険な時代のなか、少ない食べ物を柴犬に与え守り抜いた人たちがいたそうです。

柴犬のカラダ

耳

ピンと立つ耳はやや前に傾いています。厚みもしっかりあります。

サイズ

メスのほうがやや小さく胴長。日本犬のなかでは唯一の小型犬です。

♂
体高：38～41cm
体重：9～11kg

♀
体高：35～38cm
体重：7～9kg

目

やや三角形で、目尻が少しつり上がった力のある目。虹彩は濃茶褐色が理想とされています。

しっぽ

くるりと巻いた巻尾（まきお）か、前方に傾斜した差尾（さしお）の2種類。形によってさらに細かく分類されます。横から見たしっぽ～おしりのラインは数字の「3」に見えます。

➔P.149 尾形の名称

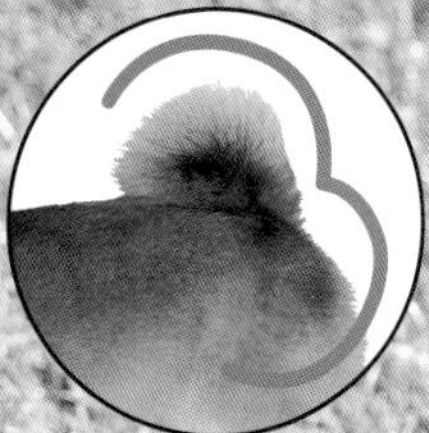

被毛

硬めの上毛と軟らかい下毛のダブルコート。換毛期には抜け毛が大量に出ます。4つの毛色があります。

➔P.020 柴犬の毛色

足

まっすぐで太い足はたくましく、高い運動能力を誇ります。

柴犬のココロ

もちろん個体差はありますが、基本的な柴犬の気質はこのようにいわれています。

警戒心やなわばり意識が強い

番犬としての歴史をもつ柴犬ですから、警戒心やなわばり意識が強くても不思議はありません。東京大学の調査によると、柴犬はテリトリー防御の性質が最も高いレベルの犬種となっています。

ガンコで一途

岐阜大学の研究によると、柴犬は変化を好まないというデータが。新しいことにわくわくするというより警戒し、「いつもと同じ」にこだわるタイプということ。知らない人には愛想がないといわれるのもうなずけます。洋犬は初対面でもフレンドリーな犬が多いですが、柴犬は真逆。そのぶん、これぞと決めた人には一途です。

独立心が強く人に媚びない

猟犬としての柴犬は、猟師が一人に犬が1頭の「一銃一狗（いちじゅういっく）」スタイル。海外の猟犬と違い、獲物を発見する、追う、回収するなど多くの役割を1頭で担うため、人の指示を待つのではなく自らの判断力が必要でした。そのためいまでも独立心が強く、人に媚びない性格の柴犬が多いといわれています。

勇猛果敢

猟犬として自分より大きな相手にも立ち向かっていった柴犬ですから、大型犬にも恐れず闘いを挑むことがあります。頼もしい反面、事故につながることもあるので、ほかの犬や家族以外の人に慣らすトレーニングを行って。

➜P.082 あらゆる人間に慣れさせよう
➜P.084 ほかの犬とだって穏便にやりたい

物音や急な動きに神経質

変化を好まないという気質から、聞き慣れない物音やせわしない動きに反応しやすい面をもっています。番犬や猟犬には必要な性質ですが、家庭犬としてはやっかいな面も。子犬のころからいろんな音に慣らすなどの社会化をしっかり行うことで解消できます。

➜P.080 音におびえない犬にしよう

もっと知りたい 豆柴・小豆《あずき》柴は単なる愛称？

例えばプードルはスタンダード、ミニチュア、トイと大きさによって種類分けされていますが、柴犬は基本的に一種類。ペットショップなどで小さめの柴犬を「豆柴」「小豆柴」と表記することがありますが、正式名称ではなく多くの団体では認めていません。

ところが2008年、日本社会福祉愛犬協会（KCジャパン）が豆柴を犬種として公認。ウサギなど小動物の猟犬として豆柴は昔から存在したという説を唱え、血統書も発行しています。しかしなかには、豆柴のはずだった子犬が成長して普通サイズになることもあるので、納得のうえ迎えましょう。

小さくても
大きくても
柴は柴！

KCジャパンによる豆柴のサイズ

♂ 体高：30〜34cm
♀ 体高：28〜32cm

普通サイズになって
もよろしくね

柴犬の毛色は赤・黒・胡麻・白

赤

柴犬の80%は「赤」と呼ばれる毛色。
山中では最も目立たない毛色だったことから
猟師は赤柴を好んだといいます。

淡い赤柴もいる

薄めの毛色は「淡赤（うすあか）」と呼ばれます。赤柴どうしを掛け合わせ続けるとだんだんと毛色が薄くなるので、黒柴と掛け合わせて毛色の濃さを保ちます。

柴犬は基本的にどんな毛色でも腹側は白い毛色になります。「裏白（うらじろ）」と呼ばれます。

子犬のころは黒マスク

子犬のうちは口のまわりが黒い子が多く「黒マスク」と呼ばれます。成長とともにじょじょに本来の毛色に変わっていき、2歳を越えると黒い毛はほとんどなくなります。

ん？

同じ色？

額と鼻の間のくぼみを「額段（かくだん）」といいます。英語だと「STOP」。柴犬の場合、鼻先から額段と額段から頭の上までの比率が4：6が理想とされています。

赤柴の鼻の頭は黒色です。

♪

黒

赤柴に次いで人気の毛色。じつは黒、赤、白の3色が混ざり合った毛色で、黒一色ではなく薄茶色の部分やグレーの下毛が見え隠れする「鉄《てつ》錆《さび》色」がよいとされています。

目の上に麻呂眉のような斑点模様があるのが特徴。「四つ目」とも呼ばれます。

知ってる?

黒柴の親は黒柴というワケじゃない

黒柴の両親は両方とも黒柴と思ってしまいそうですが、必ずしもそうとは限りません。いわゆるメンデルの法則で、隠し持った遺伝子が表れることがあるからです。

遺伝の強さは赤>胡麻>黒>白の順。赤柴や胡麻柴も黒柴の遺伝子を隠し持っていることがあり、すると赤柴どうしから黒柴が生まれることもあります。ちなみに白柴は白の遺伝子しかもっていないため、白柴どうしの組み合わせからは白柴しか生まれません。

目のまわりが赤毛に!?

目のまわりの黒い模様が消え、赤毛になった黒柴ちゃん。こうした個体もときどきいるようです。

胸の白い部分は個体によって形がさまざまです。

足先は赤毛になります。

胡《ご》麻《ま》

赤毛と黒毛が混じっている毛色。
全体で2.5%ほどしかいないレアな毛色です。
ほかの毛色に比べてやや長めの剛毛であることが多いよう。

黒毛の割合が多い黒胡麻

黒毛の割合が多い毛色は「黒胡麻」。同じ胡麻毛でもだいぶ印象が違います。

赤毛の割合が多い赤胡麻

赤毛の割合が多い毛色を「赤胡麻」と呼びます。成長するにつれて赤毛の割合が増え、ほぼ赤柴のようになる個体も多いよう。

白

クリーム色に近い白色は、最近人気が上がっている毛色。アルビノ（色素欠乏）ではないため瞳は茶褐色です。

びっくり！ 白柴は規格外？

じつはJKC※では白の毛色は認められておらず、ドッグショーなどに出すとミスカラーとして減点対象になります。これは毛色の濃さを保つことが柴犬の保存につながるという考えによるもの。ショーに興味のない人には無関係ですし、最近ではレアな毛色として人気も高まっています。もちろんアルビノではないので健康面の心配もありません。

※JKC…ジャパンケネルクラブ。犬の血統書発行団体

背中やしっぽ、耳、顔などには赤毛が出ます。
鼻の頭は黒っぽい褐色。

子犬の成長は早く、やることは多い

誕生

0か月齢

0か月齢

- 目も耳も開いていない状態で生まれてくる
- 母乳を飲んで育つ
- 自力で排泄できず母犬におしりをなめてもらうことで排泄する
- 2～3週齢で目や耳が開く

1か月齢

社会化期

1か月齢

- 乳歯が生えて離乳食が食べられるようになる
- 垂れていた耳が立ちはじめる
- 自力で排泄できるようになる

✓ 社会化期を有効に使おう

3週齢から16週齢までは社会化期。自分を取り巻く世界を認知しはじめ、あらゆる物事に初めて触れる時期です。警戒心より好奇心のほうが勝る時期でもあるので、この時期にさまざまなことに慣れさせたいもの。社会化期が終わっても社会化は可能ですが、好奇心より警戒心のほうが勝るため、社会化期の数倍の努力が必要になります。この時期を逃す手はないのです。

2か月齢

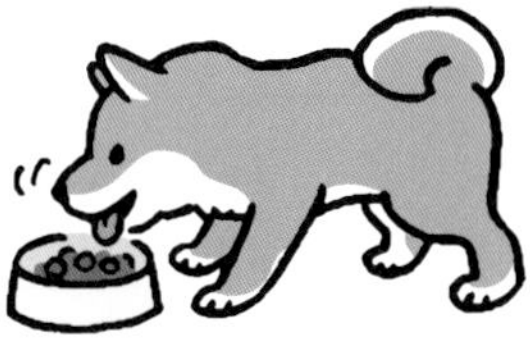

- 乳歯が生えそろい乳離れする
- ドライフードが食べられるようになる

✓ 子犬を購入できるようになるのはこのころ

3か月齢　2か月齢

✓ 8〜9週齢で1回目の混合ワクチン

✓ 子犬のワクチンプログラム

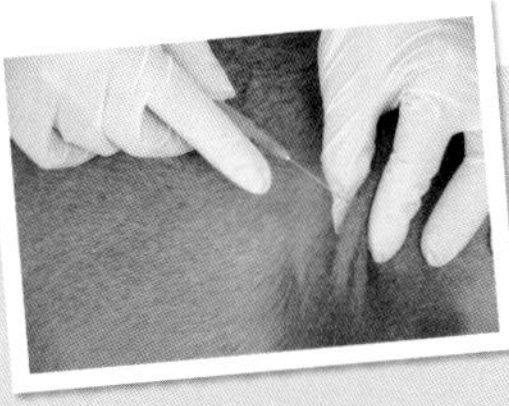

感染症を防ぐ混合ワクチンは、子犬は3回打つのがスタンダード。それは母犬からもらった移行抗体に関係があります。移行抗体が消える時期は早いと8週齢、遅いと14週齢頃と個体によってばらつきがあります。移行抗体が残っているうちはワクチンを打っても移行抗体のほうが強く免疫が作られませんが、もし移行抗体が消えていたら感染に無防備な状態になってしまいます。そのため8〜14週齢をカバーするように3回打つことが推奨されています。3回目の混合ワクチン終了後、1か月後に狂犬病ワクチンを接種するのが一般的です。

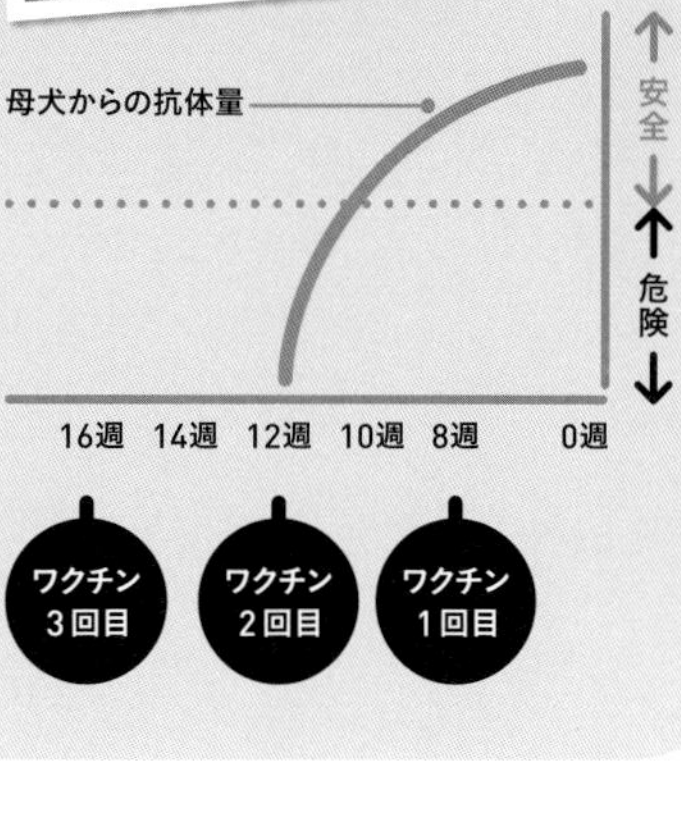
母犬からの抗体量
安全
危険
16週
14週
12週
10週
8週
0週
ワクチン 3回目
ワクチン 2回目
ワクチン 1回目

✓ 不妊・去勢手術をするなら
発情期が来る前に

→P.184 不妊・去勢手術はメリットだらけ！

4か月齢

● 乳歯から永久歯に
生え換わりはじめる

6か月齢 **5か月齢** **4か月齢**

第2次性徴期

✓ 生後91〜120日の間に
狂犬病ワクチンと
自治体への登録を済ませる

**社会化期が
じょじょに終了する**

✓ 狂犬病ワクチンと犬の登録は飼い主の義務

生後91日以上の子犬には狂犬病ワクチンの接種が義務づけられています。接種すると「注射済証明書」が交付されるので、それを持って各市区町村で畜犬登録。登録後に交付される鑑札と注射済票を犬の首輪に装着することも義務のひとつです。

畜犬登録は生後120日までに行うことが定められていますが、ワクチンのタイミングなどにより間に合わないときには事前に各市区町村の担当窓口へ連絡を。登録は最初の１回のみでOKですが、引っ越しした場合は移転先の市区町村へ届け出ます。狂犬病ワクチンは毎年の接種が必要です。

混合ワクチンのプログラムが終了したらお外のお散歩OK！

7 か月齢

- 永久歯が生えそろう

8 か月齢

- メスは発情期（ヒート）が来る（8～16か月齢）
- オスも生殖可能になる

12 か月齢

- 体がほぼ完成する

12か月齢　8か月齢　7か月齢

✓ 第２次性徴期は犬の思春期

6～8か月齢は犬の第２次性徴期。人間と同様、肉体的・性的な成熟を迎えます。それまで犬を叱ってしつけていた飼い主さんは、ここで犬に反抗されることも。幼くか弱い子犬なら力で押さえつけることができても、十分な肉体と力を得た犬を抑圧し続けることはできません。「うちの犬が不良になった」と、しつけ教室に駆け込んでくる飼い主さんは、たいていこの月齢の犬を飼っています。そうならないためには、幼いうちから適切なしつけを行うのがベストですが、どの時期からでも遅くはありません。正しいしつけを始めましょう。

あこがれだけじゃ柴犬は飼えない

私は、犬を飼うのが子どもの頃からの夢でした。
カゲ山 3才
ごはんだよ
祖母の家の犬
だだをこねたことも…
カゲ山 16才
いいなー柴犬
いぬかおうよー
うちはダメなの!
きちっ
時は流れ…
初めて犬を飼うことになったのは34才のときでした。
うれしくて、毎日が楽しくて!
ゴン 2カ月半
よしよし
でも初めてだから大変なこともいっぱい。
ヒィ!
庭が穴だらけ
ドライフードを食べなくなった
プイ

犬を飼って住環境も変わりました。
初めはペット可の賃貸住まい
ただし外飼いのみ
一軒家に引越し
ゴンも家の中で一緒だよ！
2匹目のテツを迎えるときは、夫と家族会議を重ねました。
海外旅行に行けなくなるけどいいの？
オス同士で大丈夫かな
うーむ
お金は？予防注射も2匹分…
ゴン
ゴンを看取った後、3匹目のこまを迎えるときは……。
私たちの年齢からして子犬を迎えることができるのはこれが最後かもしれないよ
うーむ
よし！
テツ
最後まで責任もってお世話するために、自分の環境も冷静に判断してくださいね〜
こま

柴犬の平均寿命は14歳

20年後も愛犬の面倒をちゃんと見られるだろうか

ペットフード協会の統計（2018年）によると、飼い犬の平均寿命は14・29歳。またアニコム損保保険の統計（2016年）によると、柴犬の平均寿命は14·5歳となっています。なかには20歳を超える柴もおり、比較的長生きな犬種だとわかります。

　もちろん晩年は介護が必要になることもあります。犬の10歳は人間でいえば60歳くらいの年齢。まだまだ元気な柴犬もいれば、体調を崩している柴犬もいるでしょう。最期まできちんとお世話をまっとうするためには、人間側が健康である

ことが必須です。厚生労働省が2018年に公表したデータによると、日本人の健康寿命は男性が72・14歳、女性が74・79歳。単純に考えれば、50代後半で柴の子犬を飼いはじめればギリギリ最期まで世話ができる計算になりますが、もう少し余裕をもった計画を立てたほうがよいでしょう。

年齢的に難しければ子犬ではなく成犬を迎えたり、いざというときに世話を頼める相手を探しておいたりという対策が必須です。飼い主さんが世話できなくなった犬は行き場がなく殺処分されることもあります。飼いたい気持ちだけで突っ走らず、愛情をもった判断をしたいものです。

子犬は
かわいいけれど
責任も重大！

柴犬の年齢を人の年齢に換算すると

柴	1歳	2歳	3歳	4歳	5歳	6歳	7歳
人	17歳	24歳	29歳	34歳	39歳	43歳	47歳

8歳	9歳	10歳	11歳	12歳	13歳	14歳	15歳
51歳	55歳	59歳	63歳	67歳	71歳	75歳	79歳

犬の研究者であるスタンレー・コレン氏の換算に本書監修の西川文二氏が改良を加えたもの。高齢期に入るのは11歳以降と考えればよいでしょう。

びっくり！ 26歳まで生きたプースケくん

目指せご長寿！

栃木で暮らしていた柴犬ミックスのプースケくんはギネス世界記録にも載ったご長寿犬。なんと26歳と248日の記録をもっています。亡くなる当日まで散歩をしていたとのこと。飼い主さんいわく、長寿の秘訣は「歯石を取ること、ストレスをかけないこと、毎日耳を触ること」だそう。プースケくんのようにご長寿を目指したいものですね！

柴犬を迎えるにあたって不安なあれこれ一挙解消！

Q よいブリーダーさんの見分け方は？

A 飼育環境を見学させてくれるところを選びましょう

　母犬やきょうだい犬と過ごしている様子を見学させてもらい、清潔な環境か、犬たちは健康そうかをチェックしましょう。見学を断るブリーダーは避けたほうが安心です。愛情をもっているブリーダーは購入者の家族構成や飼育環境、飼育経験について質問してくることもあります。信頼関係ができれば、購入後もよき相談相手になってくれるでしょう。念のため動物取扱業者登録があるかどうかも確認を。業者一覧をHPで公開している自治体もあります。

Q お金はどれくらいかかる？

A 初期費用のほかに最低月に1万円ほどは必要

　柴犬（生体）の相場は10〜20万円ほど。そのほか初年度は不妊・去勢手術費やグッズをそろえるなどで数十万円は見ておいたほうがよいでしょう。ドッグフードの購入など、月々にかかる費用は1頭あたり10,000円ほどというデータがあります※。平均寿命の14歳までには計170万円ほどかかる計算です。なかでも高額になる恐れがあるのが獣医療費。手術になると数十万単位でかかるため、ペット保険に加入したり、愛犬用に貯蓄をしたりと備えたいですね。

※ペットフード協会統計（2018年）より

Q 通販でも柴犬を買えるってホント？

A ペットの通販は違法！悪徳業者にだまされないで

生体販売は、購入者に動物を直接見せ、動物の特徴や飼育方法などを対面で説明する義務があります。ですからネットや電話のみでやりとりをする通信販売は違法です。そのような業者から購入した犬は健康に問題を抱えていることが懸念されます。実際に、空輸されたペットが衰弱していたり、ペットが入手できないままお金だけ取られたというトラブルが起きています。

Q マイクロチップが入っていれば、迷子になっても見つかる？

A 必ず見つかるわけではないので脱走防止に努めて

マイクロチップの読み取り機がある保健所などに収容されれば、飼い主さんを突き止めることができます。しかしそういった場所に収容されないとわかりませんし、心ない人に連れ去られることも。窓にフェンスをつけるなど脱走防止策を講じるとともに、鑑札や迷子札を首輪につけ、ひと目で飼い犬とわかるようにしましょう。ちなみにマイクロチップは入っているだけではダメ。データベースに飼い主情報を登録する必要があります。

Q 初心者にはオスとメスどっちがおすすめ？

A 不妊・去勢手術をすれば大差なし。気に入った子を選んで

第2次性徴期を迎えるころになると性差がはっきりしはじめ、異性に対する興味が強くなります。するといくらご褒美のフードを用意しても異性に対する興味のほうが勝るため、トレーニングはおろか飼い主のことさえ眼中にない状態になってしまいます。犬との暮らしを楽しみたいなら、不妊・去勢手術をするのが◎。性格はオスは甘えん坊、メスはツンデレな子が多いともいいますが、個体差のほうが大きいでしょう。

→P.184 不妊・去勢手術はメリットだらけ！

Q 一人暮らしや共働きでも飼える？

A トイレのしつけや社会化ができるのであれば飼えます

一人暮らしや共働きでも、犬と上手に暮らしている飼い主さんはいます。ただし、トイレのしつけや社会化は子犬のうちにしっかり教える必要があります。子犬を迎える日を含めて最低3日間は、有休を取るなどして犬にみっちりつき合いたいもの。その後も犬の保育園やペットシッターなどを利用してしつけを進めましょう。とくに4か月齢までの社会化期は有効利用して。

Q すごく毛が抜けるってホント？

A 本当です。とくに春と秋の換毛期は大量に抜けます

大量の抜け毛は課題のひとつ。覚悟しておいたほうがいいでしょう。ブラッシングやシャンプーで抜け毛をできるだけ取り除くことで、部屋に飛び散る毛を減らすことができます。

Q 動物保護団体から柴犬をもらうこともできる？

A 柴犬や柴に近い雑種犬の里親募集をしていることがあります

保護団体では飼育放棄された柴犬の成犬や、柴犬に近い雑種犬の里親募集をしていることがあります。犬の年齢や犬種へのこだわりがなければ、里親に立候補するのも手です。里親になるにはその団体が提示している譲渡条件への賛同や担当者との面接が必要。また規定の譲渡費用も支払う必要があります。

Q すでに犬を飼っていて、新しく柴犬を迎えたいときの注意点は？

A 先住犬のしつけと社会化が十分できてから新しい犬を迎えて

先住犬のしつけが十分できていないうちに新しい犬を迎えると、どちらのしつけも不十分になりがち。先住犬のしつけがきちんとできたうえ、精神的に落ち着く3歳を過ぎてから新しい犬を迎えるのがおすすめです。ただし8歳を過ぎると体力が衰えはじめ、先住犬が子犬のエネルギーに圧倒されがち。3〜8歳の時期に新しい犬を迎えるのがベストです。

猫が好きな柴も
多いみたいね

Q ほかのペットがいる場合の注意点は？

A 動物の種類によっては同じ部屋では飼えないことも

ハムスターや鳥などのペットは犬にとって獲物になってしまう恐れが。別室で飼うなどの対策が必要です。おとなの猫であれば仲良く暮らしている家庭も多いよう。キャットタワーなど犬が上ることのできない高い場所を用意してあげれば、程よい距離感を保てます。

まずはグッズをそろえよう

ハウス・トイレ用品

クレート

プラスチック製などのハードタイプを用意。広すぎると中で粗相をしてしまいがちなので、体の向きが変えられる程度のサイズを選んで。

サークル

中にトイレシーツを敷き、トイレの部屋として使用します。成犬になっても使えるよう、ある程度の大きさのものを用意。

トイレシーツ・
トイレトレー

トイレシーツはたくさん使うので多めに用意。トレーは成犬になってもはみ出さないサイズのものを。トイレのしつけができるまでトレーは使わないのであとから用意しても◎。

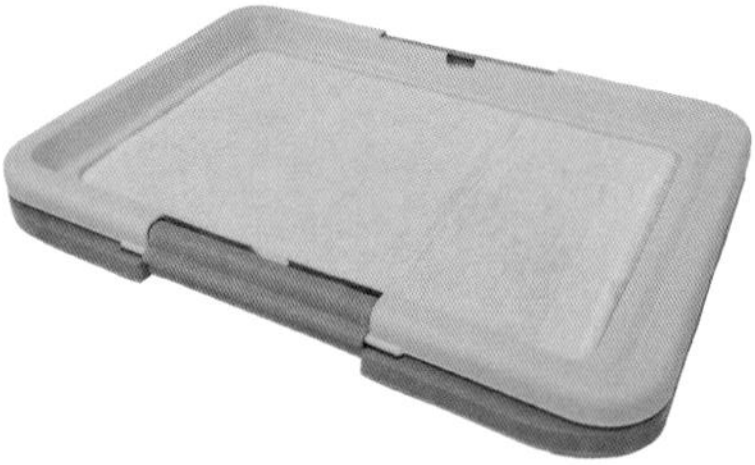

除菌消臭剤

トイレ以外で粗相してしまったときのにおい消し。においが残っていると同じ場所で粗相をくり返してしまいがちなので消臭は必須。

ベッド

トイレのしつけが終わったら、部屋の中にベッドを置いて犬専用のスペースを作るのもよいでしょう。あとから用意すればOK。

フード関連

ドッグフード（ドライ）

犬を迎えてしばらくは、それまで食べていたのと同じフードを与えます。その後は成長に合わせて与えるフードを替えていきます。

➜P.186 ドッグフードは総合栄養食から選ぼう

POINT

フードは手で与えると◎

本書ではしつけやトレーニングのご褒美としてフードを手から与える方法をおすすめしています。つまり、トレーニングの時間＝食事の時間。皿で与えるより親密さや信頼感が増す方法です。

フード皿・水皿

傷がつきにくいステンレス製や陶器製がおすすめ。フードは全量手で与えれば、フード皿は必要ありません。

フードポーチ

しつけやトレーニングの際、ご褒美のフードをさっと与えるために必要です。初日に用意しましょう。

➜P.058 フードの取り出し方

ガム・アキレス

長時間楽しめるおやつは、留守番時などにおすすめ。噛み応えがあるので歯の生え換わり時期にも最適。

ペット用チーズ

塩分控えめのチーズ。コングの中に詰めるおやつに適しています。

コング

丈夫なゴム製で噛んでも壊れにくいおもちゃ。中にフードやチーズを詰めて与えることもできます。

➜P.059 コングの使い方

部屋の整え方

余計なモノは徹底的にしまう

とくに子犬は思わぬものを飲み込んでしまいがち。人用の薬や画鋲などを誤飲すると命に関わることも。犬を入れる部屋は徹底的に片づけを！

ストーブは柵で囲う

近づいて火傷を負わないように柵で囲います。余分なサークルを利用してもよいでしょう。

フローリングには滑り止め防止

滑りやすい床で足腰を痛めてしまわないよう、カーペットやコルクマットを敷いたり、滑り止め防止のワックスを塗るなどして。

その他

リード

長さ1.6〜1.8mほどのシンプルなものを。ロングリード、伸縮リードは普段使いには向いていません。

➔P.099 リードの持ち方

首輪

写真のようなプレミア・カラーなら輪に指がかけやすく、犬のホールド（保定）に向いています。

➔P.097 首輪の着け方

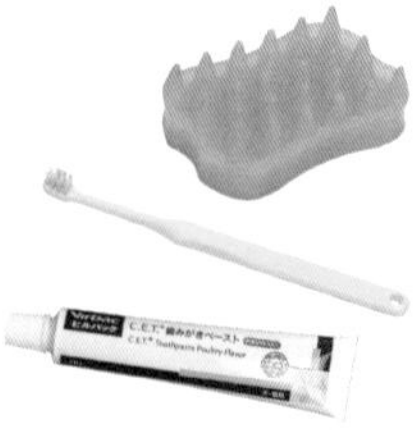

お手入れ用品

ブラシ、爪切り、歯磨き用品など。用意するのは触られることに慣れてからでもよいでしょう。

➔P.190 体のお手入れ

おもちゃ

ぬいぐるみやロープの犬用おもちゃを用意。誤飲防止等の理由から犬の口に収まりきらないサイズが◎。

➔P.112 引っ張りっこ遊び

グッズ選びはトレーナーさんやトリマーさんの意見も参考になりますよ！

キッチンに入らせないよう柵を設置

包丁や火を使うキッチンには安全のため犬を立ち入らせたくないもの。少なくとも調理中はドッグゲートなどで立ち入り禁止に。人間のベビーガードでも代用できます。

ドアを開けたままにするときはドアストッパーを

風で勢いよくドアが閉まり、犬がケガをすることもあります。開けておくときは必ずストッパーで固定して。

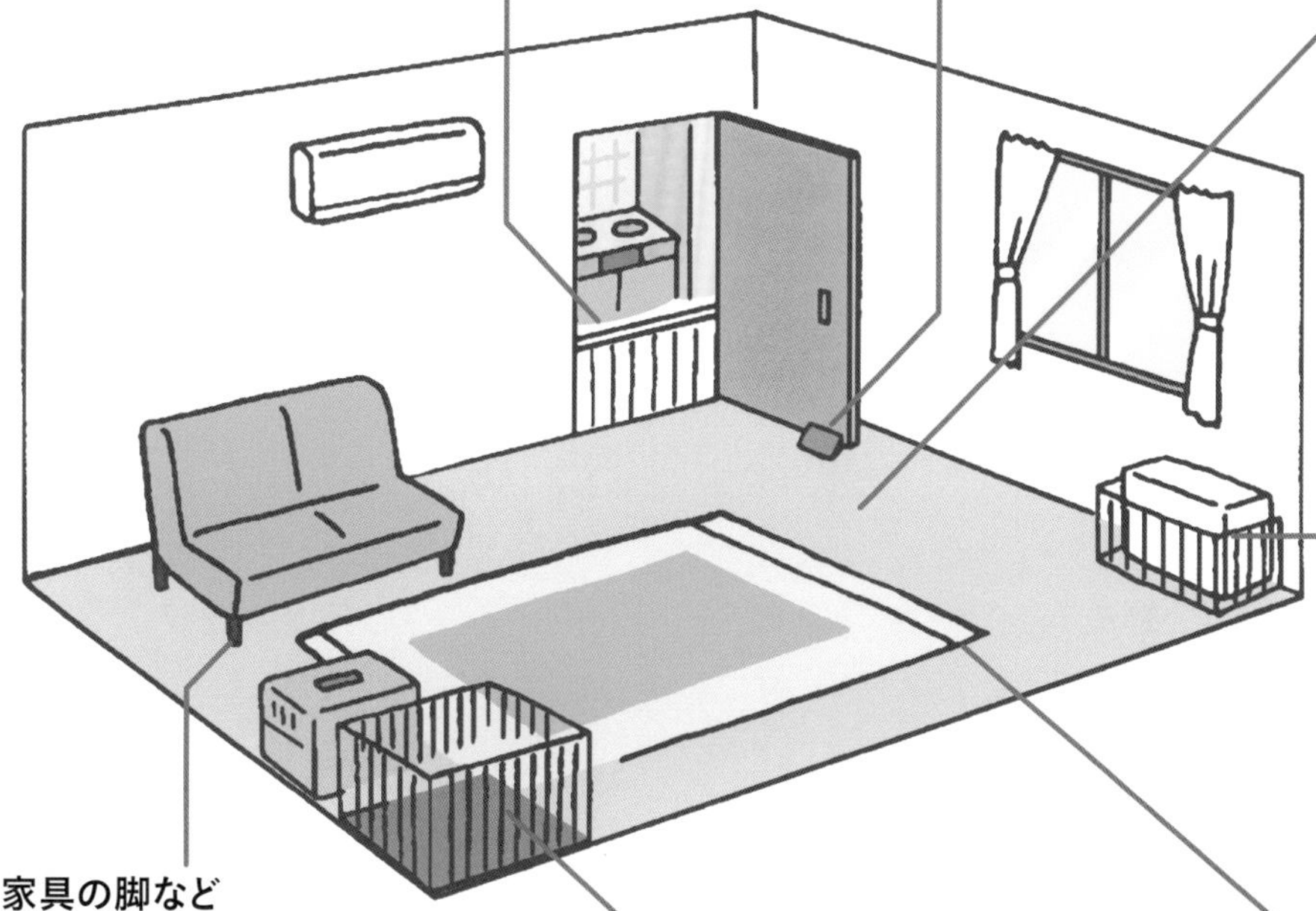

家具の脚など噛んでほしくないところは噛みつき防止スプレーなどで対策

犬に噛んでほしくないところには、あらかじめ専用スプレーで嫌な味をつけたり、アクリル板で覆うと◎。とくに歯の生え換わり時期は何でも噛みたがりますが、そのときに噛んでいたものはその後も噛む癖が残ってしまいます。

部屋の隅にサークル&クレート

犬を入れるサークルとクレートは、落ち着ける部屋の隅がベスト。エアコンの風や直射日光が当たらない場所に設置して。

➔P.062 トイレ・トレーニング

犬と暮らす目的は「ともに幸せになるため」である

犬と人は見つめ合うだけで幸せになれる

本書は「犬との暮らしを楽しみたい」人のために、しつけなどのノウハウをお伝えする本です。家庭犬に求められるのは癒やしや、どこにでも一緒に出かけられる社会性です。番犬に必要な警戒心は不要ですし、使役犬に求められる厳しい訓練は必要ありません。これをはっきりさせておかないと、何のために犬を飼うのか、しつけた結果どういう関係になりたいのか見失ってしまいます。

さて、家庭犬に求められるのは癒やしと述べましたが、犬を飼うことで人は本当に癒やしを得られるのでしょうか。じつはこれには科学的なデータがあります。飼い犬と見つめ合うときの人は、幸せホルモンと呼ばれるオキシトシンが多く分泌されることがわかっているのです。犬の側も信頼している飼い主と見つめ合うことでオキシトシンが分泌されます。信頼しあう人と犬は、見つめ合うことでともに幸せになれるのです。

飼い主と頻繁に目を合わせる犬に育てよう

犬のトレーニングのひとつにアイコンタクトがあります。これは犬を集中させるという目的がありますが、それ以上に愛情交換の方法です。ざっくり言えば、飼い主と頻繁にアイコンタクトを取ろうとする犬は、それだけ人に大きな幸せを与えてくれるといえます。

飼い主と頻繁にアイコンタクトを取る犬にするにはどうすればいいか。力づくでいうことを聞かせようとすると犬は飼い主から視線を外すようになります。いかに犬にストレスをかけずにしつけられるか。親子のような信頼関係を築いて互いに幸せになれるか。それが本書のテーマです。

※本書では室内飼いを基本としています。それは、家庭犬から幸せをもらうためには犬と人がなるべく多く一緒に過ごすことが必要という考えからです。

親子のような関係を築くための4つのPOINT

POINT 安らぎ

犬にとって心安らぐ存在でありましょう。力づくで押さえつける、叱るなどの行為は犬に不安を与えます。支配・服従の関係ではなく、信頼関係で結ばれること。そのためには態度を一貫させることや、褒めてしつけることが大切です。

POINT 食べ物

子犬はお乳や食べ物を与えてくれる母犬を信頼し、自分を守ってくれる存在として慕います。毎日の食事を与えてくれる飼い主さんにも同じように感じてくれるはず。とくに手でフードを与える方法は効果的です。

POINT 決定権

子犬は母犬に従います。人間も幼いうちは親がすべてを決め、子どもはそれに従います。それと同じように、決定権は犬ではなく飼い主がもつべき。散歩の行き先も、遊びの開始や終了も、すべて飼い主が決定権をもちましょう。犬に決定権をもたれていては、飼いにくい困った犬になってしまいます。

POINT 遊び

「飼い主さんと遊ぶのが一番楽しい！」と思われるようになりましょう。そのためには効果的な遊び方を知る必要があります。たくさん遊ばせれば犬のストレスを発散でき、問題行動も予防できます。トレーニングも遊びのひとつと思って楽しみながら行うのがコツです。

魅力って？

ツンデレなところ。

好きなものは好き。嫌なものは嫌。気難しくてこだわりが強く、寂しがりやだけどひとりが好きで、それでいて愛が深いです。中に、ちょっとこじらせた放っておけないタイプの人間が入ってるんじゃないかと思います（笑）。

佐藤さん

ツンデレなところ。

外ではキリッとしてるけど家に帰るとデレデレ〜と甘えて来るところがたまらないです。

加藤さん

なんといっても頭がいい。

なんでもすんなり覚えてくれて、賢いな〜と感じます。

きなこパパさん

飼い主さんに聞きました

柴犬の

**遊びは、
人が飽きる前に
柴が飽きる
（笑）。**

これぞ柴、
と感じます。

小島さん

もう飽きた

妹分のヒロ（赤柴）が大型犬に囲まれたとき、すず（黒柴）が駆けつけて追い払ったことがありました。ドーベルマンが腰を抜かしていました……。

shibatalkさん

勇敢なところ。

勇敢なすずちゃん ♀

ベタベタしすぎないところ。

四六時中甘えて来る犬より、マイペースな柴犬の気質が好きです。

shibatalkさん

振り向いたときの頬肉。

ぶにゅっとなるのがかわいくて、用もないのに呼んでしまう。

べりむくおかんさん

モフモフのお耳。

みっしり毛が生えた肉厚の耳。いつまでも触っていたい……。

銀くんママ

OSHIRI LOVE

プリッとしたおしり。

丸くてかわいい柴尻をついつい眺めてしまう。横座りしたときの太モモも色っぽい!

ココパパさん

人に媚びないところ。

自立心が強くて凛としているところが好きです。初めて飼ったのが白柴でしたが、増えたらもっと楽しいだろうなと思い、2頭目も柴を迎えました。

藤井さん

排泄中の申し訳なさそうな
顔も好き（笑）

毎日のようにお散歩で行く公園で、見かけないワンコがこちらへ近づいてくるとじーっとにらんだり。どうやら私たちを守っているつもりのようです。

ココママさん

飼い主への忠誠心が強く、必要以上に守ってくれる。

まじめとマヌケが紙一重。

まじめで、そのまじめさがかえってマヌケに見えることがあって、見ていて飽きません。

影山直美さん
（本書イラストレーター）

日本だけじゃない！

海外での柴人気

柴犬が海外でも人気なのをご存じでしょうか。「あの子たちは自分のかわいさに気づいているの？」「Kawaii! 柴を見るだけで元気が出てくる」などなど、全世界の犬好きを夢中にさせています。実際、日本の観光地そばに住む柴飼いさんは、散歩中に外国人観光客に「お願い、一緒に写真を撮らせて！」と声をかけられることもしばしばだとか。インターネットの世界では犬への愛情あるスラングとして「Doge《ドォジ》」を用いますが、同じように柴は「Shibe《シベ》」と呼ばれています。

さて、このような海外での人気は2009年公開の洋画『HACHI　約束の犬』がきっかけだったようです。日本映画『ハチ公物語』のリメイク版で、リチャード・ギア主演。ハチ公は秋田犬ですが、子犬時代を演じたのが柴犬だったのです。コロコロ・モフモフの見た目に加え、飼い主を一途に待ち続ける忠実さにハートをわしづかみにされる人が続出したそう。

しかし、海外の人も柴犬のちょっと難しい性格は把握しているようです。「The Shiba Inu is almost like a cat」（柴犬はほとんど猫のよう）、「Big dog in a small body」（小さな体の大きな犬）などと表現されているから笑ってしまいますね。

②

はじめがカンジン！

しつけと社会化

しつけ

犬のしつけ法はぐんと進化している！

罰を与えると
こういうリスクが
あることが
今ではわかっているよ。
飼い主を怖がる
ただいま
サッ
攻撃性が
高くなる
ウー
ガルル
ストレスにより
無気力になる
散歩
行くよ
……
こんな関係は
カナシイ…
あ、でも犬にとって
頼もしいリーダーになる
必要はありますよね?
頼れる
リーダーに
なろう
←飼育書
あ〜
その考えも
捨てましょう!!
威厳のある
リーダーではなく
信頼できる
親のようになれば
いいんだよ
ホッ
それなら
できそう!

犬は体験したことしか学ばない

犬に言葉は通じないから学ばせるには体験させるしかない

当然ですが、犬は言葉を理解できません。「あら、でもオスワリと言ったら座るじゃない」と思うかもしれませんが、それは単なる合図として覚えただけ。極端な話、「立て」という号令でオスワリを覚えさせることもできるのです。

ですから犬に「ああしてね、こうしてね」と言っても通じません。してほしいことは体験させるしかないのです。

同じように、「あれはしないでね」「これはしちゃダメ」と言っても通じません。してほしくないことは、体験させないよ

学ばせたいことはどんどん体験させる

トイレシーツでの排泄

学ばせたいこと、どんどんやってほしいことはそれを行うように誘導し、したら褒めて伸ばすこと。褒める＝いいことが起こると、犬はそれをたくさん行うようになります。

POINT

合図としてのコトバは覚える

排泄時に毎回決まったコトバをかけていると犬はそれを覚え、その合図で排泄するようになります。よく使われるのは「ワン・ツー」。ワンはオシッコ、ツーはウンチの意味で、盲導犬のしつけで使われるコトバです。

ガムを噛む

犬には本能的に「何かを噛みたい」欲求があります。とくに離乳してから永久歯が生えそろう7〜8か月齢までは欲求が強い時期。この時期に噛んでいいモノを噛む癖をつけましょう。

うに工夫することが必要。イタズラを体験させるのは、イタズラを学ばせているのと同じことなのです。

罰を与えるしつけは百害あって一利なし

イタズラを現行犯で見つけて叱っても無意味です。叱られることで、犬は「何かマズイことが起きた」とは思っても、なぜそれをしてはいけないのかを理解することはできません。その行動は直らないか、隠れてするようになるだけです。

さらに、叱るなど「罰を与えてしつける」方法は弊害があることもわかっています。罰を与え続けられた動物は、その環境から逃げ出そうとしたり、攻撃性を高めたり、無気力になったりすることが実験でわかっているのです。それはあなたの望む暮らしではないはず。犬を叱ることは、百害あって一利なしなのです。

学ばせたくないことは体験しないよう防ぐ！

盗み食い

食べ物を置きっぱなしにして食べられたら、「ここにはおいしいものがある」と教えているのと同じこと。必ず片づけて盗み食いの体験をさせないで。

カーペットでの排泄

排泄自体が犬にとっては気持ちのよいこと。気持ちいいことができた場所を犬は覚え、くり返します。本書で紹介するトイレ・トレーニングなら失敗はないはず。

もっと知りたい

好ましくない行動はストップする

叱らないからといって、好ましくない行動を放っておくわけにはいきません。犬は体験から学ぶので、放っておくことはその行動を学ばせているのと同じです。好ましくない行動をとっていたら、まずはストップする。そして次からそれが起きないように事前の対策をしっかりと行ってください。

家具の脚をかじる

かじってほしくないモノには、事前の予防が必要です。家具などは噛みつき防止スプレーで嫌な味をつけたり、アクリル板を貼って防ぎます。

犬の学習パターンはこの4つ!

してほしいことを教えるには褒めてしつけるの一択!

難しく考える必要はありません。人間の子どもだって親に褒められれば「またやろう」と思いますし、怖い思いをした場所には近づかなくなりますよね。犬も同じ思考回路。左の表のうち、犬にしてほしいことを教えるにはⒶのパターンを使います。すなわち「褒めてしつける」。

してほしくないことをしたときに叱る、罰を与えるなどでその行動を減らそうとするのはⒷのパターンにあたりますが、P.53でも述べた通りデメリットが多いので基本的には使いません。

犬の学習PATTERN

嫌なこと

B

嫌なことが起きると
その行動は減る

例 椅子の脚をかじったら苦かった

↓

かじらなくなる

このパターンでしつけに唯一使えるのが、あたかも天罰が下ったかのように見せる方法。噛みつき防止スプレーがそれに当たります。飼い主さんの仕業とわからないので嫌われることもありません。

嫌なことが
起きるから
もうやらない

D

嫌なことがなくなると
その行動は増える

例 ブラッシングが嫌だったから人の手を咬んだらやめてくれた

↓

くり返し咬むようになる

嫌がるかもしれないことは犬の許容範囲をじょじょに広げる工夫が必要です。慣れていないのに咬みつくまで行うのはやりすぎ。「嫌なときは咬んじゃえばいいんだ!」と学んでしまうと、咬み癖がついてしまいます。

こうすれば
なくなるんだ。
またやろっと

✓check!

1999年以前の犬のしつけ本は参考にしないで

かつて広く信じられてきた「アルファ・シンドローム」（犬が飼い主に服従しないのは飼い主がリーダーになりきれていないからという説）は、現在では否定されています。昔といまでは、根本的な考え方が違うのです。いまでも正しい情報と間違った情報が入り乱れているようですが、少なくとも1999年以前に初版が発売された書籍は参考にしないほうがよいでしょう。「粗相をしたら排泄物に鼻を突っ込んで叱る」「飼い主が上位とわからせるために犬を押さえつける」など非科学的なことが書かれています。

いいこと

起きる

A

いいことが起きると
その行動は増える

例 トイレシーツで
オシッコしたら褒められた

↓

トイレのしつけができる

してほしいことをしたときはフードのご褒美をあげ、コトバでも褒めることでその行動を増やすことができます。そのためには効果的な褒め方を知ることが必要です。

➔P.056 褒め上手な飼い主になろう

ほめられたから
またやろう！

なくなる

C

いいことがなくなると
その行動は減る

例 フードがほしくて
吠えたけど無視された

↓

あまり吠えなくなる

フードがほしくて吠えたらフードをくれた、ではますます吠えるように。吠えてもフードはあげず無視することで吠える行動を減らすことができます。

➔P.158 要求吠え

吠えても
くれないなら
意味ないや

褒め上手な飼い主になろう

どの犬にも万能な褒め方はフードを与えること

褒めるとはすなわち、犬にとって「いいこと」を起こすことです。どんな犬にとっても「いいこと」で、誰からも提供可能なのはフードです。

犬をなでたり、コトバで褒めることも「いいこと」になり得ますが、飼いはじめで信頼関係がまだできていないときには通用しません。好きでもない相手から触られたり声をかけられたりしても嬉しいとは感じませんよね。フードを与えるときに声をかけたりなでたりすることで、これらも「いいこと」のひとつとして覚えさせる必要があります。

褒め上手３点セット

1

褒めコトバをかける

フードを与える前に決まったコトバをかけていると、それを「いいこと」の合図として覚えます。やがてそのコトバだけで喜ぶようになります。

(褒めコトバの例)
「Good」「おりこう」「天才」 など

2

フードを与える

フードポーチからフードを取り出し、犬に差し出して食べさせます。

→P.058 フードの取り出し方、持ち方

3

フードを与えながらなでる

フードを与えているのとは反対の手で犬をなでます。胸や肩をなでるのが◎。はじめのうちは頭をなでると警戒されがちです。

飼い主さんはいつでもおいしいフードを持っていると思わせよう

フードは万能とはいえ、「フードを持っていないということを聞かない」犬にしてしまっては大変です。そのためにはフードを持っているか持っていないかを犬に見分けさせず、どんなときも「飼い主さんから褒めてもらえるかも」と思わせることが必要。そのための必須アイテムがフードポーチです。背中側につけることでフードの在りかを気づかせず、いつでもさっとご褒美を与えることができます。間髪入れずフードを与えることができないと何を褒めたのか曖昧になってしまいますし、そばに置いた入れ物から取り出すという方法ではフードの在りかがわかってしまい、飼い主さんではなく入れ物に注目してしまいます。

褒め方のバリエーション

1. 褒めコトバ＋フード＋なでる（褒め上手3点セット）
2. 褒めコトバ＋フード
3. フード＋なでる
4. フードのみ
5. 褒めコトバ＋なでる
6. 褒めコトバのみ
7. なでるのみ

はじめのうちは毎回フードありの褒め方に。じょじょにフードなしで褒める機会を増やし、「フードがなくてもいうことを聞く」犬に育てて。

やってみよう はじめのうちはフードすべてをご褒美に使おう

毎朝、その日の分のドライフードを計量し、それをフードポーチに入れてください。そしてトレーニングのご褒美としてちょくちょく与え、1日で使い切ってください。皿で与える食事の時間は作らず、トレーニングの時間=食事の時間にしてしまうのです。100粒のフードなら、100回ものを教えることができます。トレーニングなしで単に手から与えるだけでも、信頼感を高めるのに役立ちます。

フードの取り出し方

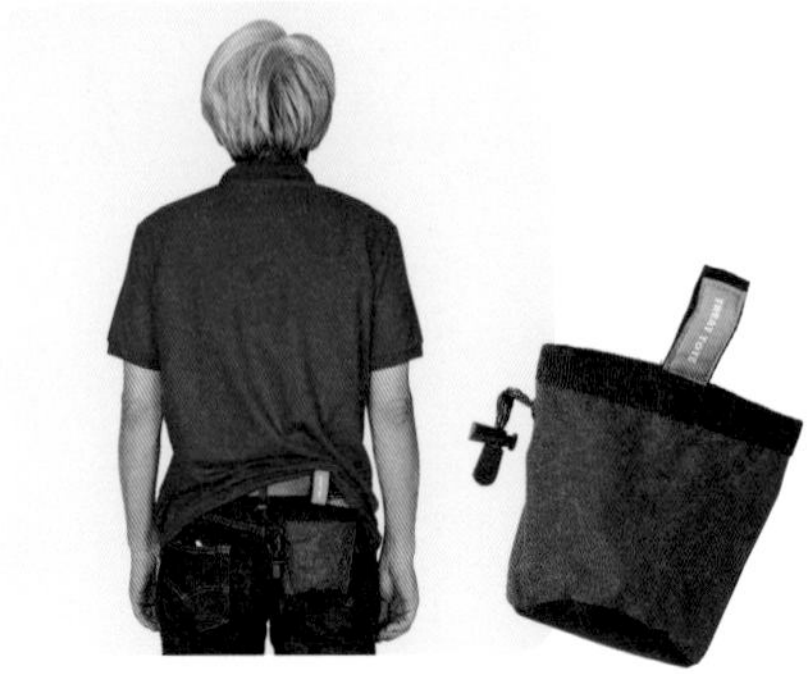

1 フードポーチが必須

ポーチはズボンやベルトにフックでぶら下げられるようになっています。犬に見えないよう、背中側につけます。口の開閉に音が出てしまうポーチは犬に気づかれるので避けて。

2 音をたてずに取る

フードを取り出すときも極力音をたてないことが大切。またフードは直接ポーチに入れること。ポーチが汚れないようにとビニール袋などを入れると音がしてしまいます。

フードの持ち方

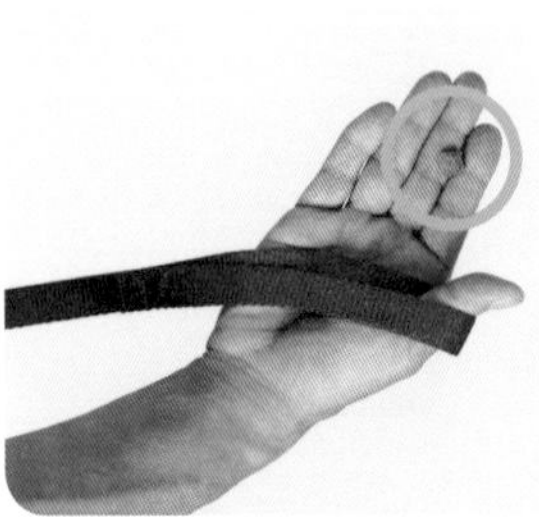

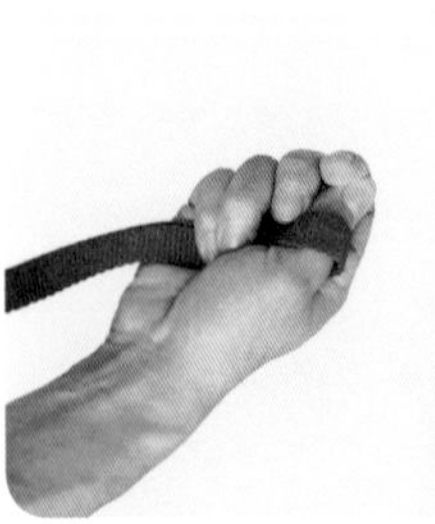

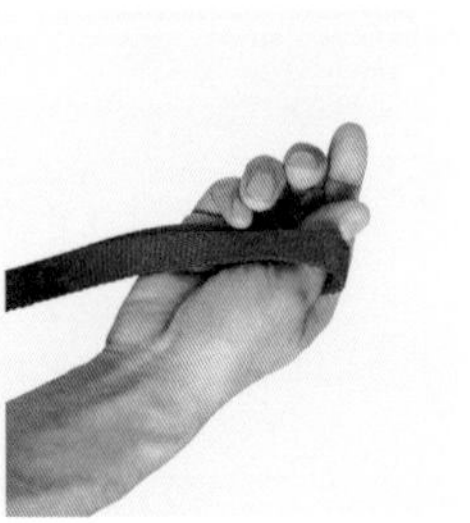

1 人差し指と中指の間に乗せる

人差し指と中指の間、第1〜2関節辺りに乗せます。

2 グーに近い形で握り込む

フードを包み込むように握ります。このようにフードを握った手を犬の鼻先に近づければ、食べられないけれどにおいは感じることができ、手で犬を誘導することができます。

コングの使い方

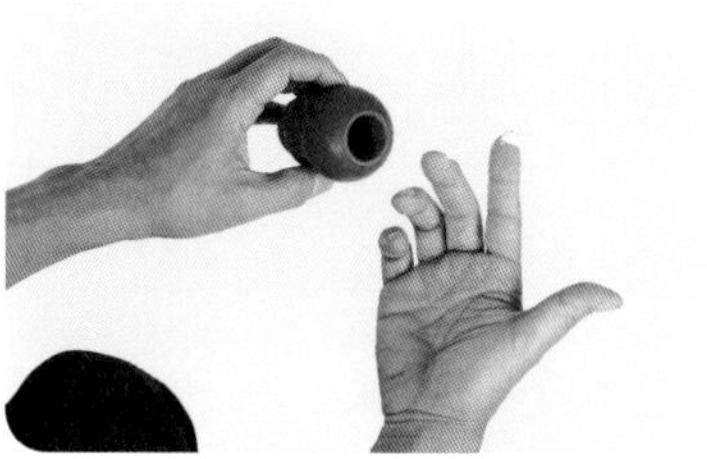

1 チーズやフードを指にとる

犬用のチーズや、ドライフードをふやかしたものを指先にとります。

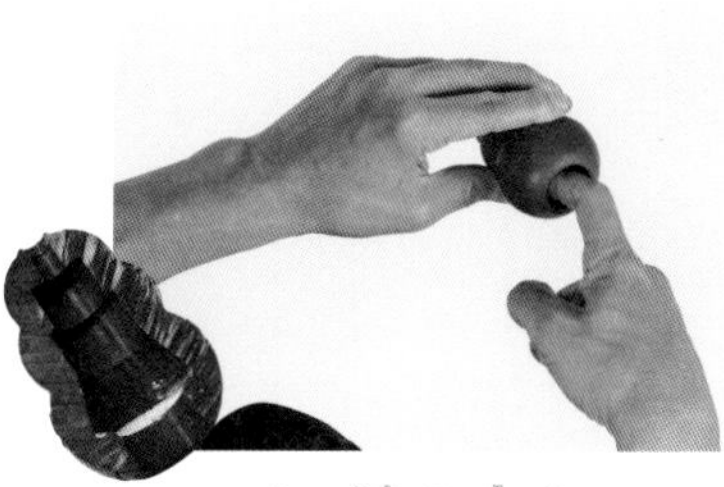

2 コングの中に塗り込む

指をコングの中に入れ、フチに塗り込みます。犬がなめやすいよう、手前に塗ると◎。

コングを与えている間に体のお手入れなどができる

コング内のフードをなめきるには時間がかかるので、その間にブラッシングやリードの装着などを行うことができます。

→P.105 コングの活用

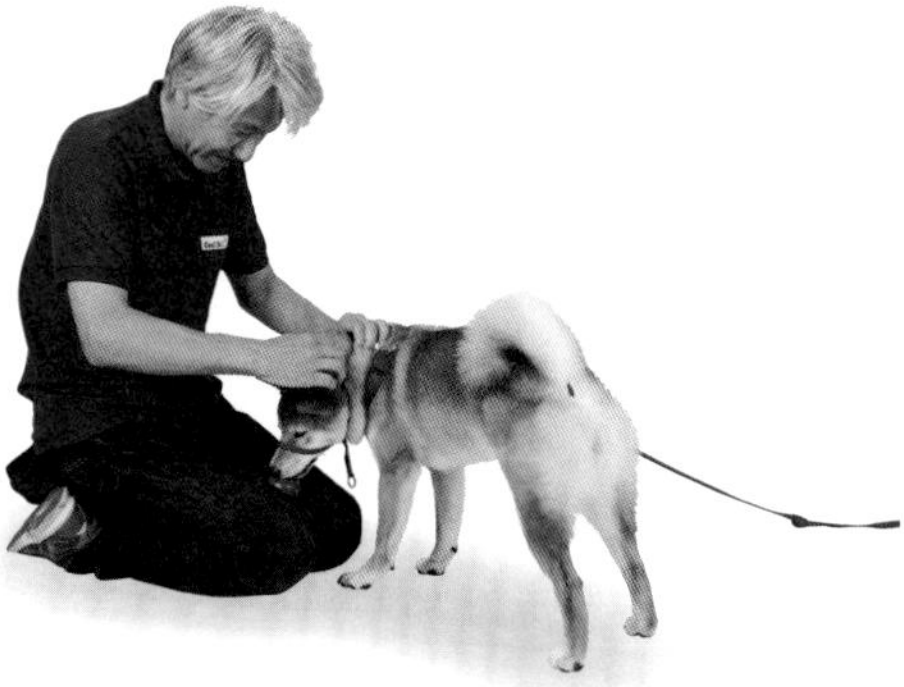

奥の手! 裂きイカやチーズでドライフードをにおいづけ

同じフードを与え続けていると、犬にとっての価値が下がり、ご褒美としての魅力が減ってしまうことがあります。そういうときは裂きイカやチーズなど強いにおいのする食べ物を利用。フードと一緒に密閉容器に入れておけば、においが移って魅力アップ！　味よりにおいで食べ物を選ぶ犬には効果的です。

※裂きイカやチーズはにおいづけ用です。犬には与えないでください。

なかなか大変、トイレ問題

トイレは外でしかしないという柴犬は多いようです。
わが家もご多分にもれず…
おはようございます
ゴンは晩年、室内でオシッコすることを覚えました。
はみ出してるけど、いーや
ぜいたくは言うまい
テツもゴンのにおいにつられて…
わあっ
えらいよテツ!!

しかしゴンの他界と共に また外でしか しなくなりました。
うう… 寒いよ テツくん
まだですかぁ?
くん くん
ボクのやり方で教えれば、そんな苦労はなかったのに〜
ハッ
気をつけてねー
だっ 大丈夫です! いい運動だわっ (やせがまん)
ざく ざく

トイレ・トレーニングはスタート勝負

はじめの1週間がんばれば、あとがぐっと楽になる

本書で紹介するトイレ・トレーニングは、盲導犬候補の子犬たちに教える方法のひとつです。じつは、このトイレ・トレーニングを行った犬たちは、排泄の粗相がほとんどありません。人間がつきっきりでいる期間が必要なので最初は大変ですが、早ければ3日、平均でも1週間でトイレを覚えてくれます。ですから犬を迎えた直後の時期だけはがんばってみてください。あとがぐっと楽になります。つきっきりでいられないときはペットシッターを利用する手もあります。

トイレのしつけは初日から。段取りを確認しておこう

初日はお迎え先にクレートを持参し、犬をクレートに入れて連れ帰ります。その際、必ず犬の最後の排泄時間を先方に確かめておいてください。

家に到着しても、すぐにクレートから出してはいけません。多くの人が家に着いてすぐ犬を自由にし、室内で排泄させてしまうという失敗をおかしています。クレートから出すのは、前回の排泄から3時間経ちオシッコがそろそろ溜まったころ。トイレシーツを敷き詰めたサークル内に移して排泄させましょう。まず初回のトイレを成功させることが大切です。

クレートは落ち着ける巣穴

犬は本来、狭くて薄暗い場所を巣穴にします。クレートはまさに巣穴に最適。巣穴で排泄すると自分の体が汚れるため、犬はクレート内では普通排泄しません。なのでクレートとサークルを使い分けるとトイレ・トレーニングがスムーズになるのです。

トレーニングのサイクル

START

子犬はよく眠るもの

2か月齢なら1日の5/6、3か月齢なら4/5ほどは眠るもの。睡眠中はクレートに入れてあげると落ち着きます。

眠る
@クレート

起きる

排泄
@サークル

トレーニング
@リビング

運動
@リビング

疲れる

前回の排泄から3時間経ったらクレートから出して排泄

トイレ・トレーニングは3時間で1サイクルが基本。オシッコを我慢できるのは「月齢＋1時間」で、2か月齢なら3時間。4か月齢なら5時間、5か月齢は6時間ですが、いずれも3時間分のオシッコは溜まっています。

※ウンチに関してはP.67を参照。

トレーニングのご褒美でフードを与える

サークルから出して触れ合いタイム。引っ張りっこ遊び（P.112）をしたり、社会化（P.70〜）のトレーニングを行います。ご褒美としてフードも与えます。

➔P.056 褒め上手な飼い主になろう

部屋に出している間は目を離さない

部屋の中を自由に探検させてもよいですが、排泄のサイン（ソワソワする、床のにおいを嗅ぐ）を見せたらすぐにトイレに入れること。イタズラも体験させてはいけません。

ひとしきり運動させたらクレートへ戻す

1日のうち5/6を眠って過ごすと考えると、3時間のうち2時間半を睡眠、30分を活動にあてるのがサイクルの目安。活動時間を過ぎたらクレートへ入れて休ませましょう。

トイレ・トレーニングSTEP1

サークルとクレートを設置

サークルの隣にクレート

トイレの時間になったらすばやくサークルへ誘導するため、隣に設置します。

クレートの中にトイレシーツは敷かない

シーツで排泄する習慣をつけるため、排泄してほしくない場所には敷きません。

サークルの中にトイレシーツを敷き詰める

はじめのうちはサークル＝トイレ。トイレトレーなしでサークル内にシーツを敷き詰めます。

クレートには布をかける

落ち着いて寝かせるため、布をかけて暗くします。

1 オシッコの時間になったらサークルに入れる

前回の排泄から3時間経ったら、犬をサークルへ入れます。オシッコが溜まっていたら、犬はすぐに排泄するはず。

2 オシッコしたら褒める

サークル内でオシッコしたら「褒め上手3点セット」(P.56)。「イイコ」などと声をかけながらフードを与え、体をなでます。

POINT

1〜2分してもオシッコしなかったら再びクレートへ

まだオシッコが溜まっていないということなので、いったんクレートに戻し、30分〜1時間ほどしてから再チャレンジしましょう。

+α 排泄の合図を覚えさせよう

排泄時に「ワン・ツー、ワン・ツー」など決まったコトバをかけることで、この合図で排泄するようになります。外出前に排泄させたいときなどに便利です。

POINT

夜中も一度起きて排泄させる

トイレ・トレーニングは夜も続きます。日中は3時間サイクルでトレーニングしますが、夜間は排泄を我慢できる限界までクレートで休ませてOK。我慢できる時間は日中なら「月齢＋1時間」ですが、夜間は周囲の刺激が減るなどの理由から「月齢＋2時間」になります。その時間になったら一度起きて排泄させましょう。

どうしても起きるのがツライ人はクレートとサークルをドッキング

サークルとクレートの扉を外し入り口をつなぎ合わせる方法もあります。しつけの効果は多少落ちてしまいますが、夜中に起きれなかったり、日中も犬の排泄予想時刻まで戻れないときはこのようにしてください。外に出てしまわないよう、サークルとクレートをヒモでつなぎ合わせたり、ワイヤーネットや段ボールで隙間を塞ぐなどの工夫も必要です。

3 部屋に出して遊ぶ

オシッコしたらサークルの外に出して触れ合いタイム。社会化トレーニング（P.70〜）をしたり、おもちゃで遊びます（P.108〜）。

4 再びクレートに

クレートから出して30分経ったら再びお昼寝タイム。フードやおもちゃでクレートに誘導し、上から布をかけて休ませます。

POINT

クレート内でフードをあげてクレート好きにする

クレートの隙間からフードを入れ、「クレートにいるといいことが起きる」と覚えさせます。

➔P.068 クレート・トレーニング

5 1〜4をくり返す

トイレ・トレーニングSTEP2

1 フードで誘導

サークルでオシッコするようになったら、自分でサークルに移動することを教えます。まずはフードで誘導。排泄の時間になったらクレートを開け、手に持ったフードのにおいを嗅がせながらサークルまで誘導します。

2 手だけで誘導

フードでの誘導を数回くり返すと、犬はサークルへ歩いて行くことを覚えます。フードなしでも、フードでの誘導のときと同じように手を動かし、サークルへ誘導します。

トイレ・トレーニングSTEP3

サークルとクレートを離していく

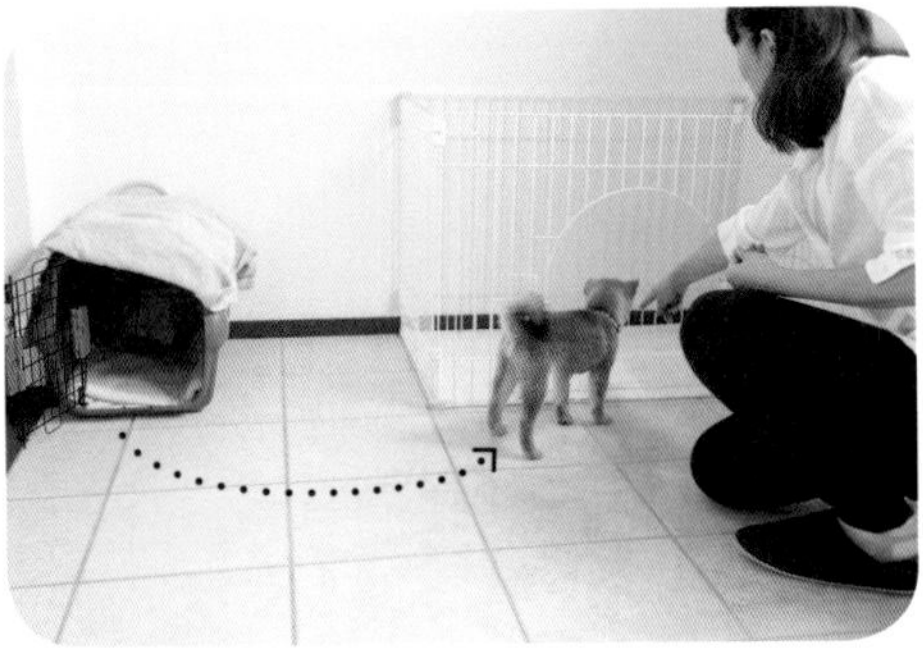

サークルに歩いて行けるようになったら、移動距離をじょじょに伸ばします。隣接していたクレートとサークルを少し離して、フードでの誘導➔手だけで誘導、成功したらまた少し距離を離す、をくり返します。最終的には部屋のどこにいてもサークルに移動できるようにします。

✓check!

1週間ほどで、トイレのしつけは一段落

初日はSTEP1のみ、2日目はSTEP2に進むのが目安。早ければ3日、平均的には1週間ほどでSTEP3までクリアできるでしょう。その後1か月は同じようにトレーニングを行い、成功体験を積み重ねます。1か月間トイレ以外での排泄を体験させなければ、トイレ・トレーニングはほぼ完璧です。

トイレ・トレーニングQ&A

Q サークル内にトイレとベッドを置く方法がよく紹介されているけど？

A サークル飼いではトイレのしつけができないことが多いのです

犬は巣穴とは離れた場所で排泄する習性があります。サークル内にトイレとベッドを置く「サークル飼い」は、巣穴（ベッド）と排泄場所が近すぎ、本来は不適切な方法です。そのため、サークルの中ではしかたなくトイレを使っても、部屋に出したらあちこちで粗相してしまう犬が多いのが現状。巣穴は別にあって、「排泄したくなったら排泄場所へ移動する」ということを教えないと、いつまでもサークルから出せません。

Q ウンチのしつけはどうすればいい？

A 部屋の中に出しているときの様子に注意してウンチもサークル内で

ウンチはオシッコが終わったあと、部屋に出しているときに催すことが多いよう。動き回って腸が活性化するためです。ソワソワしたり床のにおいを嗅ぐ、くるくる回り出す、肛門がパクパク閉じ開きするなどがウンチのサイン。サークルに入れて排便させましょう。終わったらオシッコと同じようにフードをあげて褒めます。

Q クレート内で夜鳴きするときは？

A クレートを軽く叩いて、人がそばにいることを伝えます

人間のベッドの横、手の届く場所にクレートを置き、布をかけて暗くします。犬が鳴き始めたらクレートをポンポンと軽く叩いてください。多くはすぐに鳴き止み、1週間以内に夜鳴きはなくなります。夜鳴きは嫌なこと（不安で寂しい）をなくそうとしている行動なので、そばに人がいることがわかれば安心するのです。

クレート・トレーニングは犬との暮らしに欠かせない

普通の犬は、薄暗くて狭い場所を巣穴のように感じ、安心して入っていられるものです。しかしなかには罰としてクレートに入れられた経験などから、入るのを嫌がる犬がいます。その場合は、左記のトレーニングでクレートに慣らしていきましょう。1か月も続ければクレートが好きになっています。

クレートを安心できる巣穴と認識させることは、トイレのしつけを成功させるためだけでなく、災害時や旅行、入院時にも必要。そのほか、問題行動の予防にも役立ちます。

とくに若いうちは目を離した隙にイタズラすることが多いものですが、イタズラを体験・習慣化させないためには、犬についていられない時間はクレートに入れておくのがよい方法です。

クレートを嫌がる犬のクレート・トレーニング

1 クレート内にフードを入れてクレートへ誘導

クレートの扉を開け、奥にフードを10粒ほど投げ入れて犬を中へ誘導します。最初は頭だけ突っ込んで、フードをくわえてすぐに出て来るかもしれませんが、続けるうちに後ろ足まで入るようになります。

※扉のガタガタ鳴る音を怖がる場合は扉を取り外して行います。

2 出て来る前にフードを次々と入れる

奥に入れたフードを食べ終わらないうちに、10粒のフードを入り口や横の隙間から次々に入れます。犬に「中に入っているといいことが起こる」と思わせます。フードを入れる間隔をじょじょに延ばし、10粒のフードで1分程度おとなしく入っていられるようにします。

5 クレート内で待っていられる時間をじょじょに延ばす

4 にも慣れたら、その状態で待っていられる時間を延ばしていきます。10粒のフードを入れる間隔を少しずつ延ばすのです。さらに、「そばに飼い主がいない状況」にも慣らしていきます。1粒フードを入れたら少し離れ、戻ってはまた1粒入れる、をくり返します。やがて犬はそばに飼い主がいなくても長時間クレートの中で落ち着いて待っていられるようになります。

(+α) 「ハウス」の合図を覚えさせよう

クレートに誘導するときに「ハウス」と声をかけていると、「ハウス」と言っただけでクレートに入るようになります。

⚠ クレートの中で鳴いても無視

キューンキューンと鳴いたり吠えたりしたときに、フードを入れたりクレートの扉を開けるのはNG。「鳴けばいいことが起きる」と覚えてしまいます。鳴き止むまで無視してから次の行動を起こしましょう。なかなか鳴き止まずエスカレートする場合は、クレートに手が届くならクレートを軽く叩く、離れた場所にいる場合は近くにものを投げるなどして鳴きやむきっかけを与えます。

3 扉を閉めてフードを次々と入れる

2 ができるようになったら、同じことをクレートの扉を閉めた状態で行います。最後のフードを犬が食べたら、犬が出してと騒ぐ前に扉を開け、しばらくフードはあげません。犬にとっては、「扉が閉まっているときのほうがいいことが起きる」状態です。フードを入れる間隔をじょじょに延ばし、10粒のフードで数分、中で待てるように慣らしていきます。

4 クレートに布をかけてフードを次々と入れる

3 もできるようになったら、クレートに布をかけた状態に慣らします。クレートに布をかけた状態で隙間からフードを次々に入れます。最後のフードを犬が食べたら、犬が出してと騒ぐ前に扉を開け布も取り、しばらくフードはあげません。犬にとっては、「布がかかっているときのほうがいいことが起きる」状態です。

社会化っていったいなに？

最近の飼育書には必ず「社会化」という言葉が出てくるけど…
これは人に馴れさせるということですか？
もちろんそれもそのひとつだよ
あとは「人に触られること」や
「抱っこされること」に慣らすのも社会化だね
お世話で必要になりますからね！
人間社会にあるさまざまな刺激に慣らすことも社会化。
ブー
ピンポーン
ワン
ワン
ワン
ビュンッ
ザワ
ザワ
ザワ
チャイムの音とかもですね

他の犬に会うたびに吠えたりおびえたりしないよう他の犬への「社会化」も必要だね。
どーもどーも
なに!? コイツ
おまえと同じ犬だよ…
ちょっとした物音におびえるとか
パタン
びゃんびゃん
人が怖いとか
ブルブル
生まれつき警戒心の強い犬はどうすればいいんですか?
低い刺激から慣らすことです。
チャイムの音で吠えるなら小さい音量から…
ピンポーン
ピンポーン
次のページでくわしく見ていこう
ハーイ

社会化＝ボーダーラインを上げること

ボーダーラインぎりぎりで「いいこと」を起こすのがコツ

犬が恐怖心を抱かないレベルは「セーフティーゾーン」、恐怖心を抱くのが「レッドゾーン」。そして2つの境目が「ボーダーライン」です（下の図参照）。社会化のコツは、ボーダーラインぎりぎりのところで「いいこと」を起こすこと。そうすれば少しボーダーラインが上がります。これのくり返しでセーフティーゾーンを広げていくのが社会化トレーニングです。

どこがボーダーラインかは犬のボディランゲージで見分けますが、わかりやすいのはフードを食べられるかどうか。フードを食べられない状態はすでにレッド

セーフティーゾーンを広げるのが“社会化”

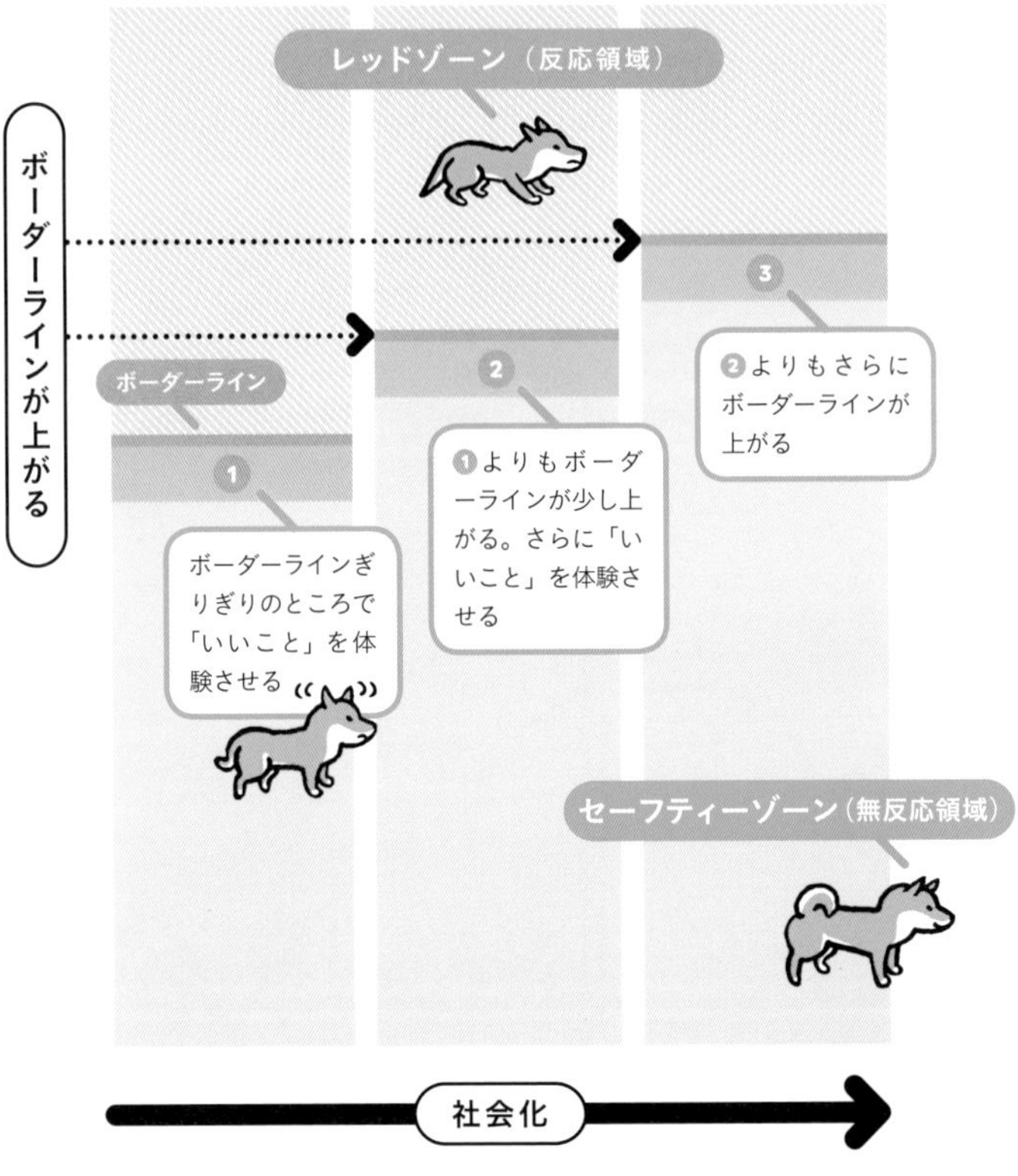

レッドゾーン（反応領域）
ボーダーラインが上がる
ボーダーライン
1
ボーダーラインぎりぎりのところで「いいこと」を体験させせる
2
1よりもボーダーラインが少し上がる。さらに「いいこと」を体験させる
3
2よりもさらにボーダーラインが上がる
セーフティーゾーン（無反応領域）
社会化

ゾーンなので、刺激のレベルを下げる必要があります。

合図を覚えさせることより社会化のほうがずっと大事

4章では「オスワリ」や「マテ」など、コトバの合図によって特定の行動ができるトレーニングを紹介しています。これらはもちろん犬との生活に役立つものですが、この章でお伝えする社会化トレーニングのほうがずっと重要です。なぜなら、体を触られたり口を開けることができないとお世話ができないからです。

ほかの犬に慣れていないと散歩のたびに興奮やストレスを感じてしまいますし、掃除機に慣れていないと掃除機をかけるたびに恐怖を感じてしまいます。ですからこの社会化トレーニングを優先して行ってください。4章のトレーニングに手をつけるのはそのあとでOKです。

遺伝ですべては決まらない

いつも吠えている
ギャンッ
ギャンッ
ギャンッ
比較的
吠えやすい
遺伝子
ワン
ときどき吠える

例えば比較的吠えやすい傾向の性格だとしても、社会化を行えば「ときどき吠える」くらいに変えられます。犬種のせいにしたり、「生まれつきの性格だから」といって何もしないと、問題犬に育ってしまいます。

ワンと吠えさせたら完全にアウト

レッドゾーンに入るとフードを食べられなくなると同時に、激しく吠え立てることもあります。すると体中にアドレナリンが放出され、ボーダーラインは何段階も下がってしまいます。元の状態に戻るまでに時間がかかりますし、アドレナリンの放出をくり返しているとアドレナリンが出やすい状態になってしまうのです。だから苦手なモノ、警戒する相手には近づきすぎず、少しずつ慣れさせることが必要なのです。

触られたがりな犬に育てよう

家庭犬の必修科目！ 体を触られるのに 抵抗を感じない犬にしよう

ここでは全身どこでも触らせてくれたり、口を開けさせてくれたり、抱き上げることに慣らす方法をお伝えします。こうしたことに慣らさないと体のお手入れができませんし、全身を触って皮膚の状態をチェックしたり、薬を飲ませたりすることも難しくなります。ゆくゆくは愛犬の寿命にも関わってくることです。

こうした社会化トレーニングはぜひ、犬を迎えた初日から行ってください。1日数回（トイレ・トレーニングでクレートから出すたび）、行うのがベストです。

抱っこに慣らす

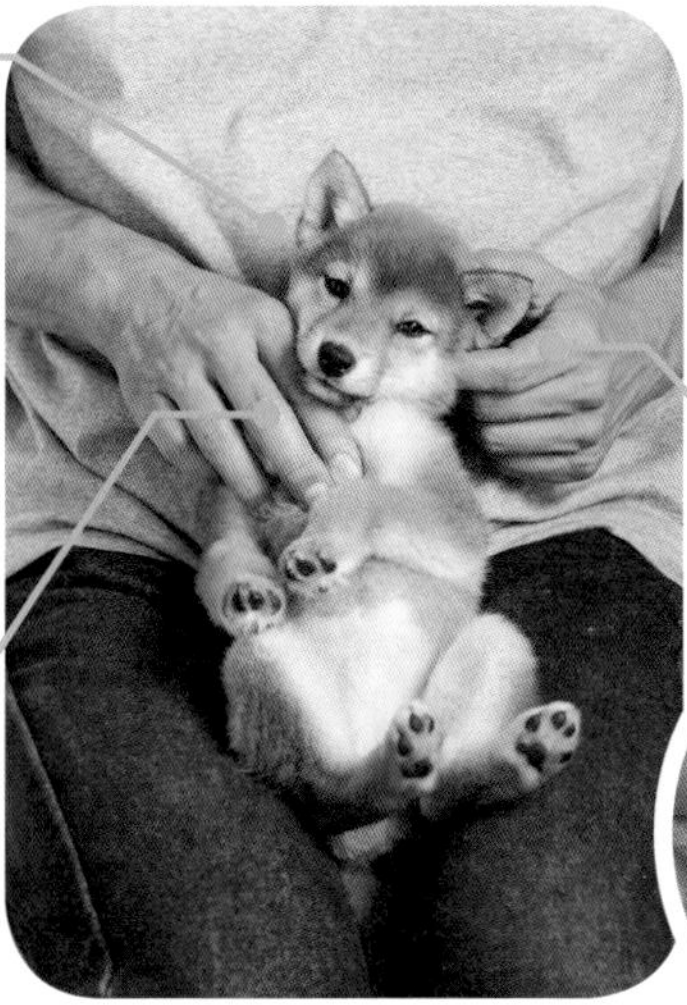

1 抱き上げたらフードを与える

膝の上に抱き上げたらすかさずフードを1粒。「抱っこ＝いいことが起きる」と教えましょう。

2 親指を首輪に引っ掛けてホールド

犬が膝の上から飛び降りそうになっても落とさないよう、首輪に片方の親指を通します。万一落としてしまうと「抱っこ＝嫌なこと」になってしまいます。

→P.097 首輪の着け方

3 マッサージして気持ちよくさせる

気持ちよく触ってあげれば、触ること自体が「いいこと」になります。胸、脇の下、肩、胴、おなかなどを、指先で「の」の字を描くようにゆっくりと触ります。気持ちよければ犬はウトウトしてくるはず。慣れたらおしりや足先、しっぽなど全身を触っていきます。

コング内のおやつをなめさせながら抱っこ

犬によってはおとなしく抱かれていないことも。その場合はコングを活用。膝の上に抱き上げたらコング内のフードをなめさせ、継続的に「いいこと」を起こします。

→P.059 コングの使い方

犬の抱き方・基本の4PATTERN

1　膝上・横向き

膝の上でオスワリの状態。片手の親指は首輪に通し、もう片方の手は胴体に添えます。目薬を差すなど体のお手入れをするのに適した抱き方です。

2　膝上・仰向け

太ももの間に犬のおしりとしっぽを入れる抱き方。おなかのマッサージなどに適しています。警戒心の少ない子犬のころに慣らしたいもの。片手の親指は首輪に。

3　横抱き

犬の脇の下に左手を入れ、自分の脇腹につけて抱えます。犬は飼い主の左側につかせるのが基本です。飼い主が犬を抱えながら歩いて移動するのに適しています。

4　股の間

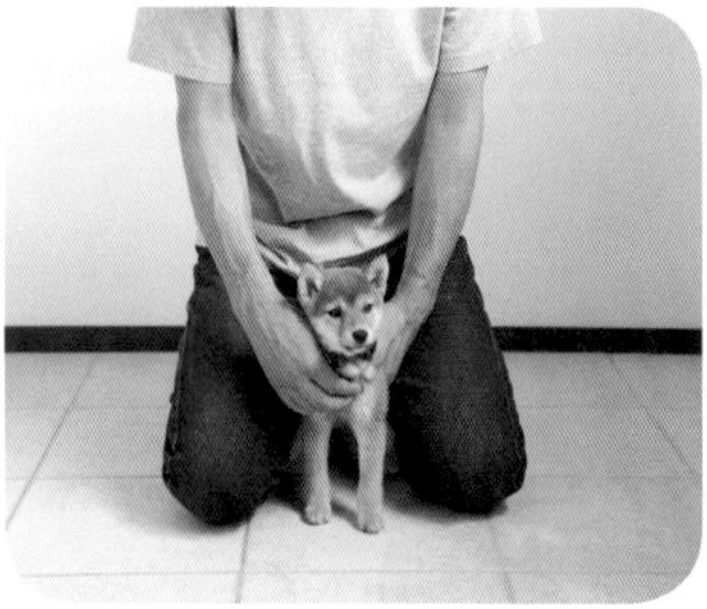

立ち膝をついた姿勢で、膝の間に犬を収めます。行動を教えるトレーニング中のホールドに適しています。片手の親指は首輪に。

子犬の運び方

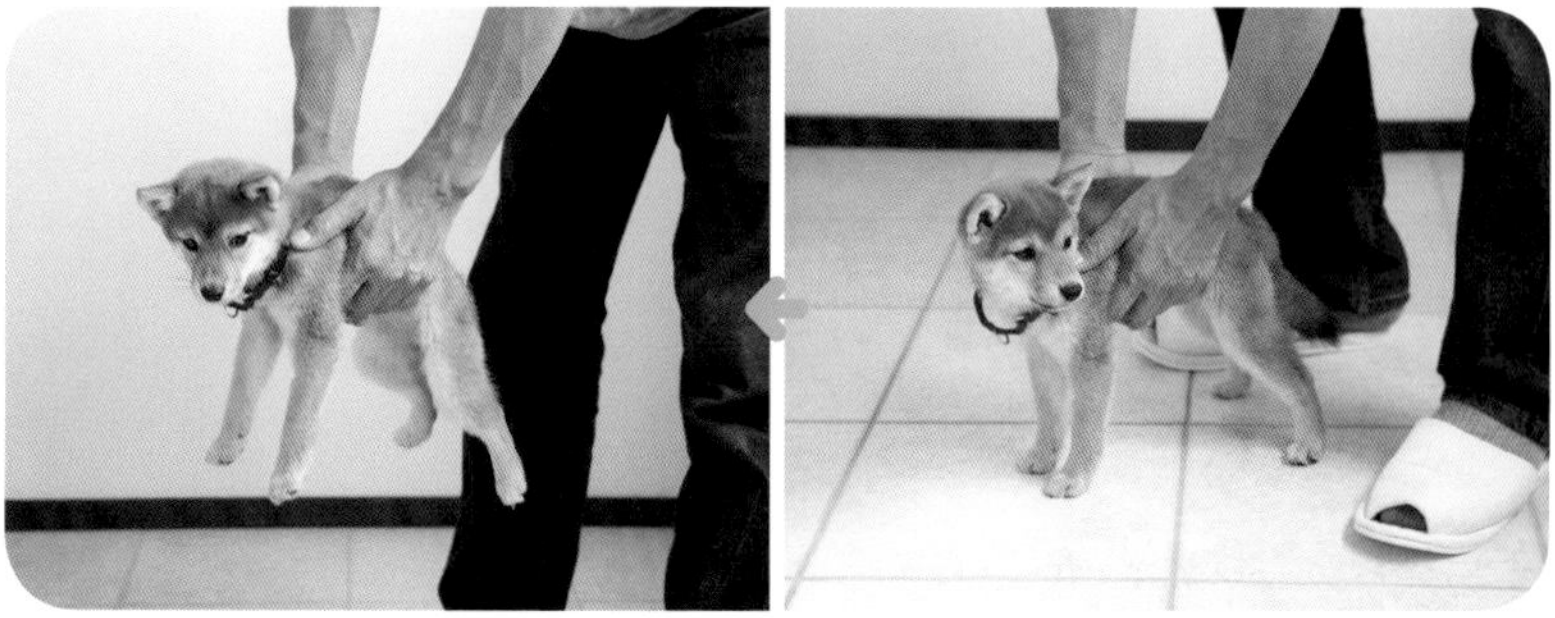

両手を脇の下に入れ、胴体を水平にしたまま運ぶ

胴体を水平にしないと不安定になり暴れるので注意。トイレ・トレーニング（P.64）で、飼い主さんが犬を抱えてサークルに入れるときもこのように運びます。

前足だけをつかんで持ち上げると痛い

前足のつけ根に大きく負担がかかって犬が嫌がりますし、ケガの原因にもなります。

気をつけて! 足への負担は厳禁!

犬によって滑りやすい床での生活は足腰に負担をかけ、関節を痛めるなどの原因になります。カーペットやコルクマットを敷くなどの滑り止め対策をしましょう。

ちなみにサークル飼いも足腰に負担をかけます。後ろ足だけで立つ姿勢をとりがちだからです。その理由からも本書ではサークル飼いを推奨していません。

→P.204 膝蓋骨脱臼

マズルをつかまれることに慣らす

マズルをつかまれたり、
口を開けられたり
することに慣らさないと、
歯磨きや投薬も
できないんですよね

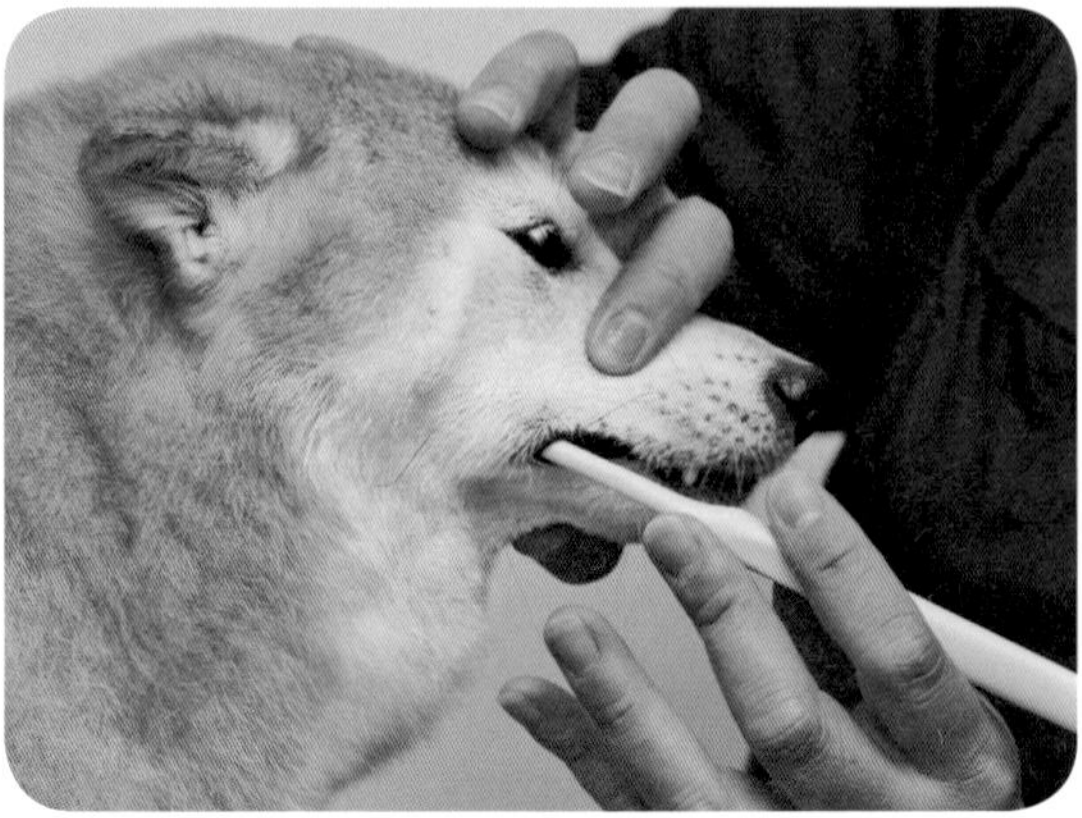

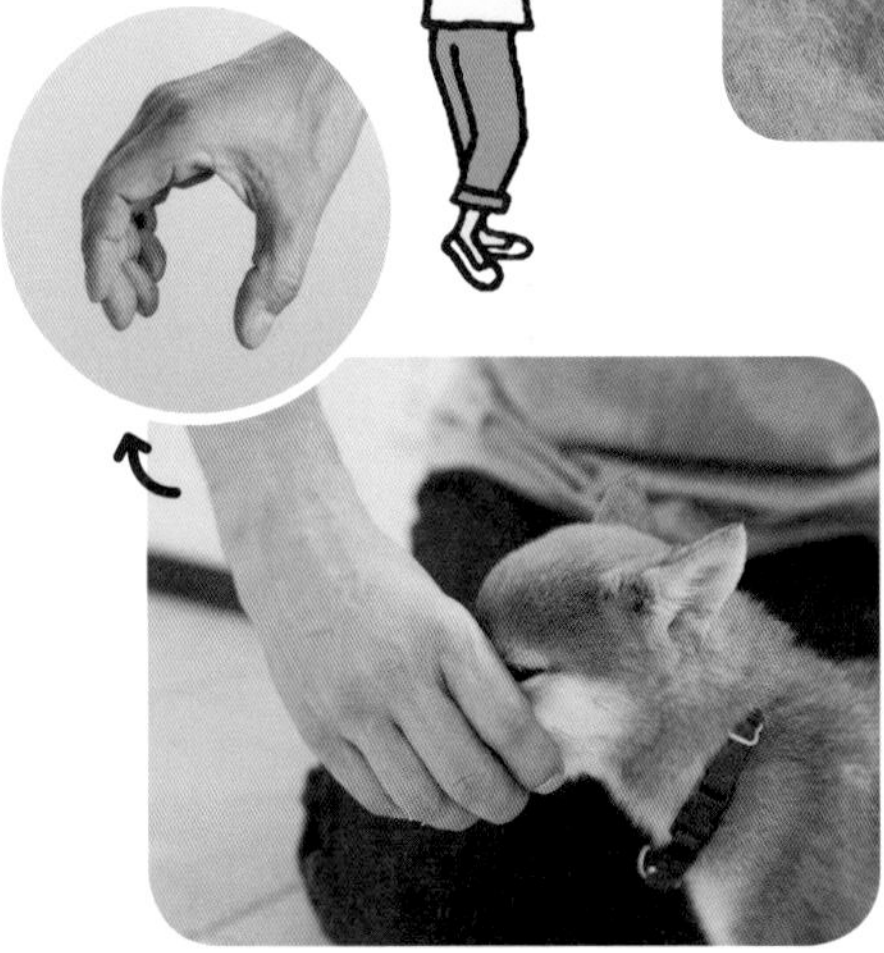

2 手を丸めて食べさせる

手をコロネのように丸めて犬に近づけると、犬はにおいを感じて鼻を突っ込んできます。はじめはただ食べさせるだけでOK。犬が慣れてきたら、軽くマズルを握ってみます。

3 フードなしでマズルをつかむ

2 がスムーズにできるようになったら、フードなしで普通にマズルをつかんでみます。つかんだあとにフードをあげて褒めます。

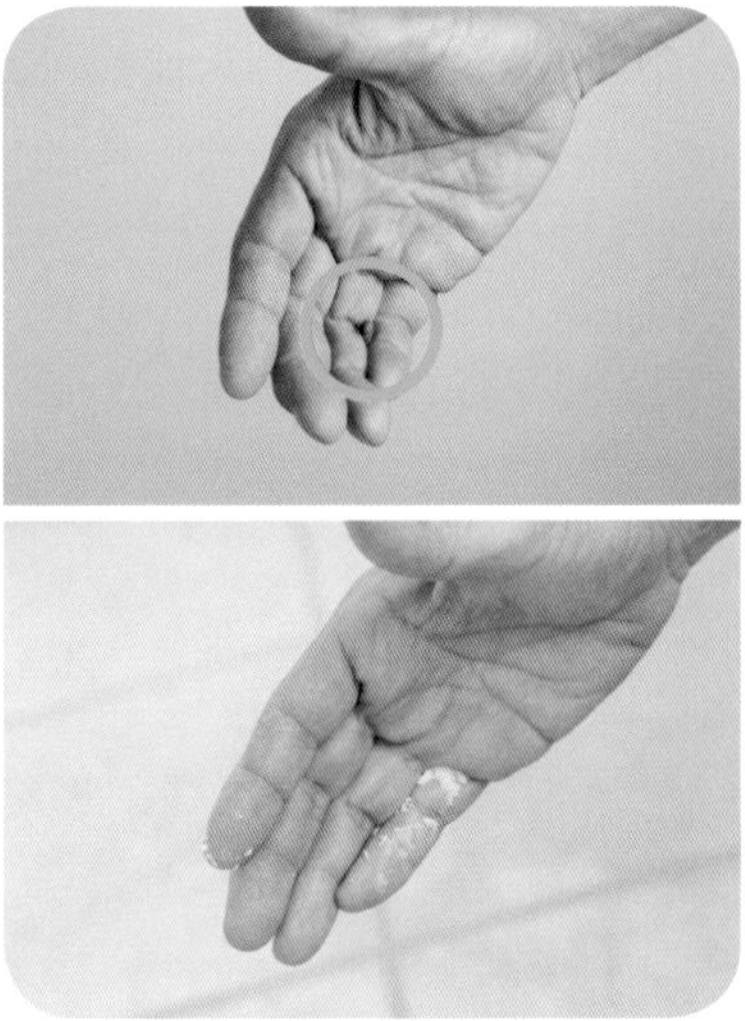

1 小指側にフードを持つかチーズを塗る

小指側にフードを乗せます。2 でフードを食べたらすぐに身を引くような犬は、なめ取るのに時間がかかる犬用チーズが◎。

口の中に指が入ることに慣らす
（歯磨きの練習）

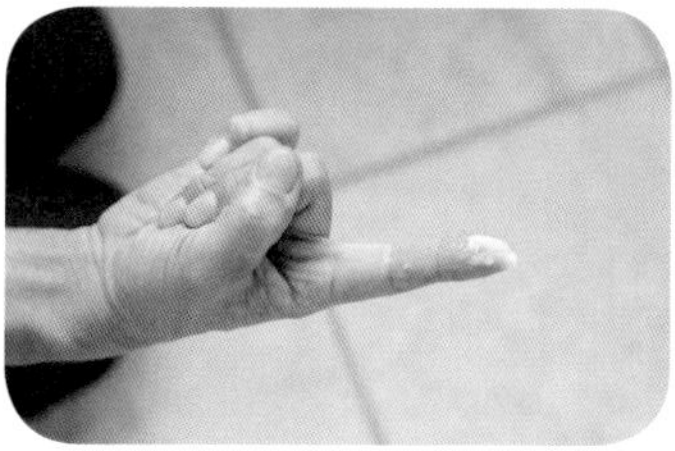

1 指先にチーズを塗る

人差し指の先に犬用チーズまたはふやかしたフードを塗ります。

↓

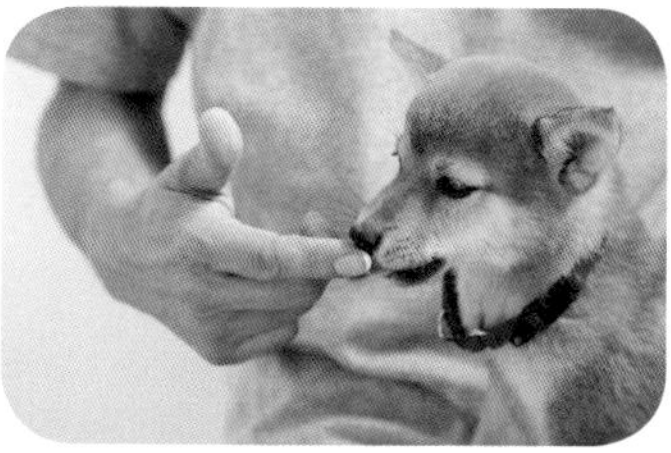

2 チーズをなめさせる

犬の前に指を差し出し、なめさせます。

↓

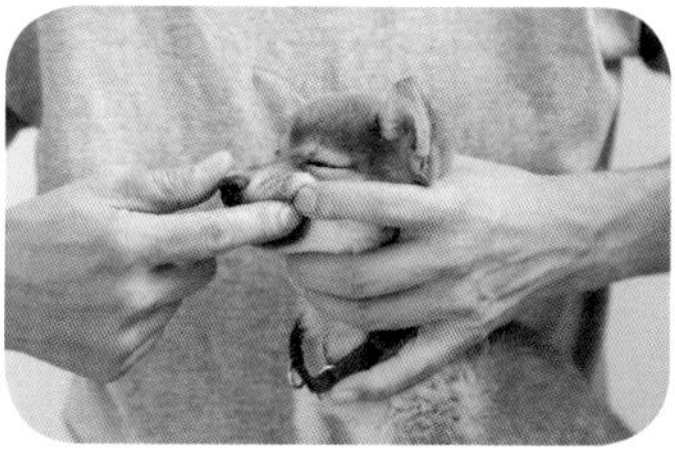

3 口の中に指を入れる

なめている間に指を口の中（歯と頬の間）に入れ、犬歯や奥歯を触ります。

➔P.197 歯磨き

口を開けられることに慣らす
（投薬の練習）

1 フードをなめさせる

フードを１粒持ち、犬の鼻先に近づけてにおいを嗅がせ、なめさせます。

↓

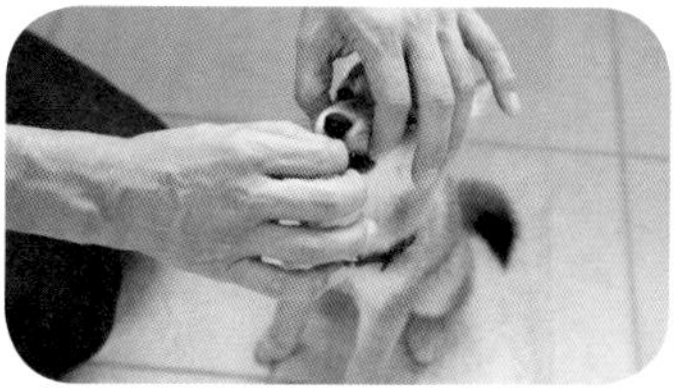

2 なめている間に上あごをつかむ

犬がフードに夢中になっている間に、もう片方の手で上あごをつかみます。

↓

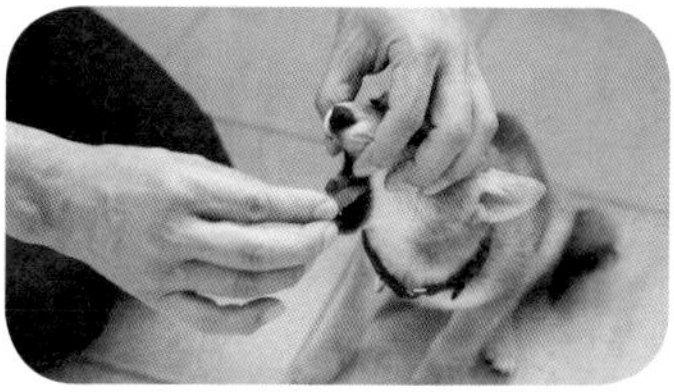

3 口を開けてフードを入れる

下あごを下げて口を開け、なめさせていたフードを口の中に放り込みます。簡単に口を開けるようになったら **1** を省略し、口を開けることから始めます。

音におびえない犬にしよう

日常のさまざまな音に慣らして苦手な音をなくそう

人間社会で暮らすためには、家の中や街中で聞こえるいろんな音に慣れる必要があります。例えば掃除機の音。耳障りな音を響かせて動き回る掃除機に吠えたてたり、逃げ回ったりする犬は少なくありません。慣れさせるためには、その音をまず小さな音で聞かせながらフードを食べさせる（いいことを起こす）こと。音に反応せずフードを食べられているならその音量はセーフティーゾーン。食べられないならレッドゾーンなので食べられる音量まで下げます。その後は少しずつ音量を上げて慣らします。

刺激の強さを調整する

音をたてながら動くものに関しては、音と動き両方をいっぺんに慣れさせようとすると刺激が強すぎてうまくいきません。別々に慣れさせたあと、最後に動きながら音を出す状態に慣れさせましょう。

強

1. 動きアリ＋音アリ
2. 動きナシ＋音アリ
3. 動きアリ＋音ナシ
4. 動きナシ＋音ナシ

弱

※❷と❸は逆の場合もあります。

すべてのケースに有効

録音した音を聞かせる

音を聞かせながらフードをあげ、じょじょに音量を大きくしていきます。インターネットで犬の音慣らしのための音源も公開されています。

ドライヤーの場合

基本は掃除機の場合と同じ。「動きナシ＋音ナシ」の状態から慣れさせ、最後はドライヤーの風を犬にあてながらフードをあげます。

車やバイクの場合

車やバイクを見せながらフードをあげます。はじめは止まった状態、次に動いている状態を見せます。食べないときは距離を離します。

掃除機の場合

まず「動きナシ＋音ナシ」の掃除機に慣らします。電源をオフにした掃除のそばでフードをばらまき、犬に食べさせます。別途、録音した掃除機の音を聞かせて慣らします。

次は「動きアリ＋音ナシ」。掃除機を少しだけ動かしながらそばにフードをばらまいたり、手からフードをあげます。

フードを食べている犬から離れた場所で電源を入れて音を出します。犬が大丈夫そうならフードをあげる場所をじょじょに近づけます。最後は、電源を入れた掃除機を動かしながら犬にフードを投げて与えます。はじめは遠くに、段々と近い場所にフードを投げます。

あらゆる人間に慣れさせよう

いろんな人から愛犬にフードをあげてもらおう

理想とするのは、どこにでも犬を連れて行けて、いろんな楽しい出来事を共有できる暮らしだと思います。当然ながら、そこにはたくさんの人が存在します。飼い主さん以外の人にも慣らさないと、旅行はおろか、普段の散歩にも出かけられません。特別人懐っこい犬にするというわけではなく、ほかの人がいてもとくに緊張せず、気にしないようにするのが目的です。

家に来たお客さんにはもれなくフードを渡して犬にあげてもらいましょう。外では、犬好きの人にフードをあげてもらいます。「かわいいワンちゃんですね」と声をかけてきたり、犬を見て笑顔になる人はチャンス。「うちのコにフードをあげてもらっていいですか?」とお願いしましょう。制服姿の学生、おじいさん、おばあさん、ひげを生やした男性、帽子をかぶった人などなど、老若男女問わずいろんなタイプの人からフードをあげてもらうとよいでしょう。

ワクチンプログラム終了前の子犬はまだ外を歩かせられないので、まずは家に友人などを招きましょう。またプログラム終了前でも飼い主さんが犬を抱えるなどして外を散歩することはできます。大切な社会化期を逃さず、人に慣れさせたいものです。

➔P.094 散歩の準備は着々とぬかりなく!

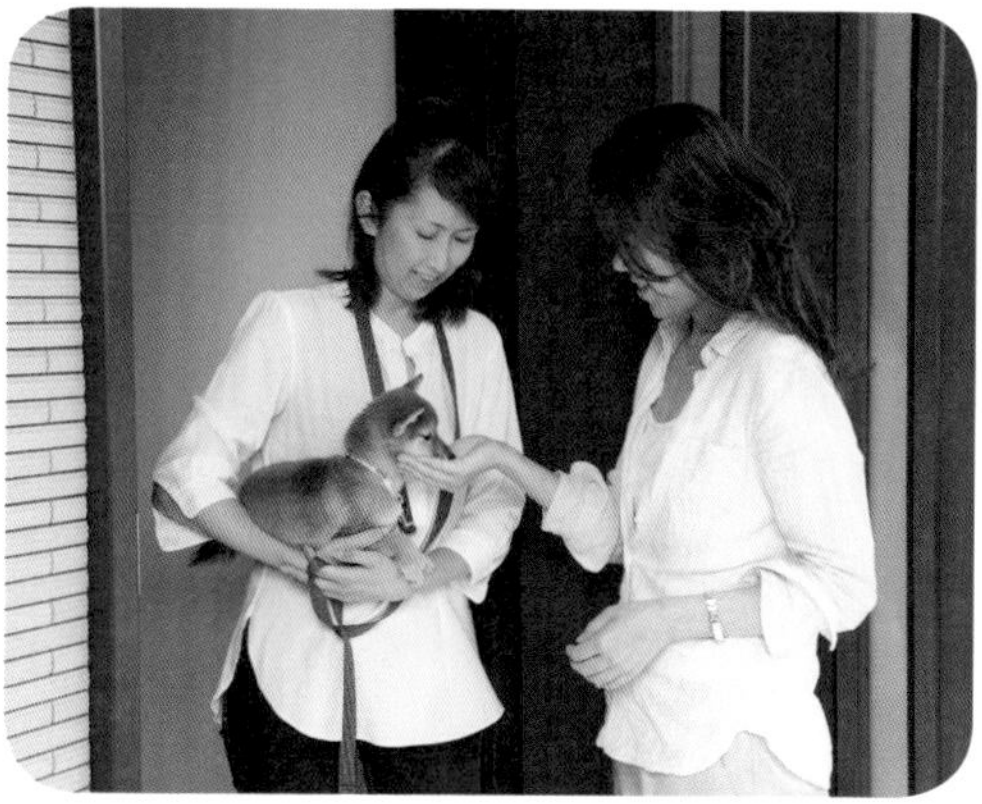

慣らし方

自宅に来たお客さんにフードをあげてもらう

玄関先だけで家に上がらない人にも協力してもらいましょう。フードポーチを身に着けていれば、すぐに相手にフードが渡せます。

慣らし方

屋外で出会った人にフードをあげてもらう

散歩中に出会う人にフードを渡して愛犬にあげてもらいましょう。見知らぬ人からも「いいこと」を与えてもらうことで、「人は怖くない」ことを学ばせます。

散歩に出るときは、
フードも
持って行こう!

✓ check!

怖がりな犬へのフードのあげ方

「正面から目を合わせられる」のを怖がる犬もいます。その場合、相手の人には犬と目を合わせず、少し離れた場所で飼い主さんと平行に立ってもらいます。まずは飼い主さんが犬にフードをあげ、食べられたら相手に少しずつ近づいてもらいます。至近距離に近づいても犬がフードを食べられたら、相手からフードをあげてもらいます。

モグ
モグ

ほかの犬とだって穏便にやりたい

STEP 1

ほかの犬を見せてフードをあげる

外に出たら散歩中のほかの犬に出会うはず。ほかの犬を見せながらフードをあげることで慣らします。相手の犬は地面にいる状態でも抱きかかえられていてもOK。愛犬が怖がってフードを食べないなら、フードが食べられるまで相手の犬と距離をとります。

ほかの犬を見せながら
「いいこと」を起こせば、
慣らすことができるんだ!

早いうちからほかの犬と触れ合う体験を！

自分自身も犬でありながら、ほかの犬を怖がる犬は多いものです。生まれてまもなく親きょうだいから引き離されて販売される早期離乳が大きな理由です。ほかの犬と十分触れ合う経験をしていないのです。

これを防ぐには、犬を迎えたら早いうちからほかの犬への社会化を行うこと。まだ外を歩かせられない子犬の時期も、抱きかかえてほかの犬を見せてください。パピーパーティー（P.87）に参加したり、近所の犬と室内や庭で遊ばせるのもよいでしょう。ただし単に遊ばせればよいわけではなく、下記のように飼い主が見守る必要があります。ほかの犬に威嚇されるなどの怖い経験をすると、逆に犬への恐怖心が増してしまいます。

STEP 2

※犬が車道に飛び出したりできない中庭など、安全な場所で行ってください。
※「オイデ」（P.140）の呼び寄せをマスターしてからだと安心です。

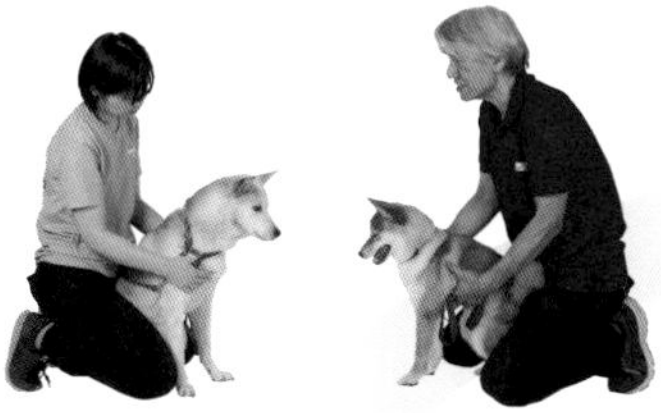

1 犬をそれぞれホールドする

飼い主が自分の犬を股の間でホールドし、犬が落ち着くまで待ちます。

→P.076 股の間でホールド

2 犬どうしで遊ばせる

どちらの犬も落ち着いたら犬を放して自由に遊ばせます。

3 犬を呼び寄せる

犬が興奮してきたら飼い主が犬を呼び寄せ、フードをあげます。呼んでも来ない場合はリードを短く持ってフードを握り込んだ手を見せながら相手の犬から離します。

4 1～3をくり返す

犬への社会化が進むと同時に、「遊んでいても飼い主の元まで戻るといいことが起きる」「戻っても遊びは再開できる」と覚えます。

服にも慣らしておくと安心

服を着ることに慣らす

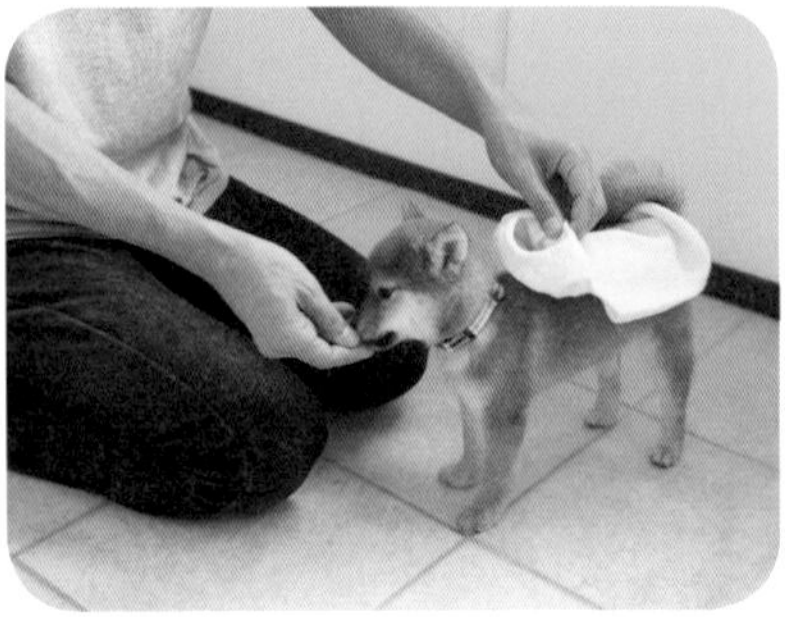

1　服を背中に乗せる

手術したときやケガしたときを考えると、服にも慣らしておくと安心。まずは服の存在に慣らすことから始めます。フードをなめさせながら、犬の背中に服を乗せます。

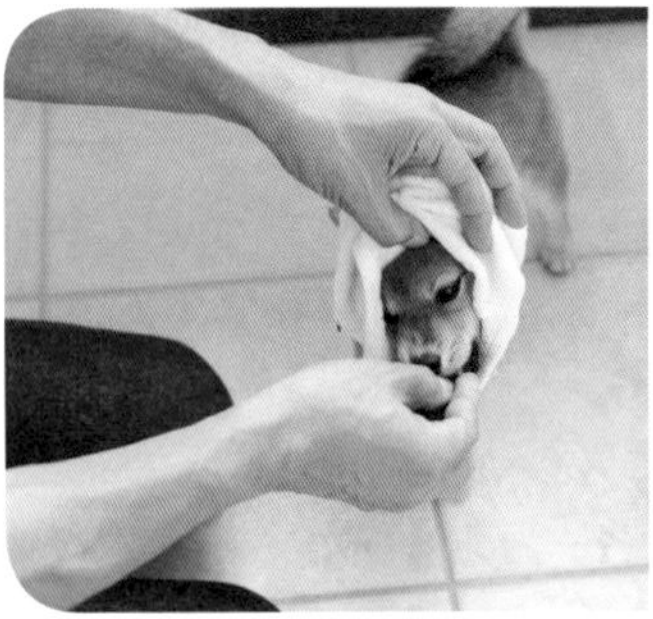

2　襟口からフードをなめさせる

襟口からフードを出してなめさせながら首を通します。

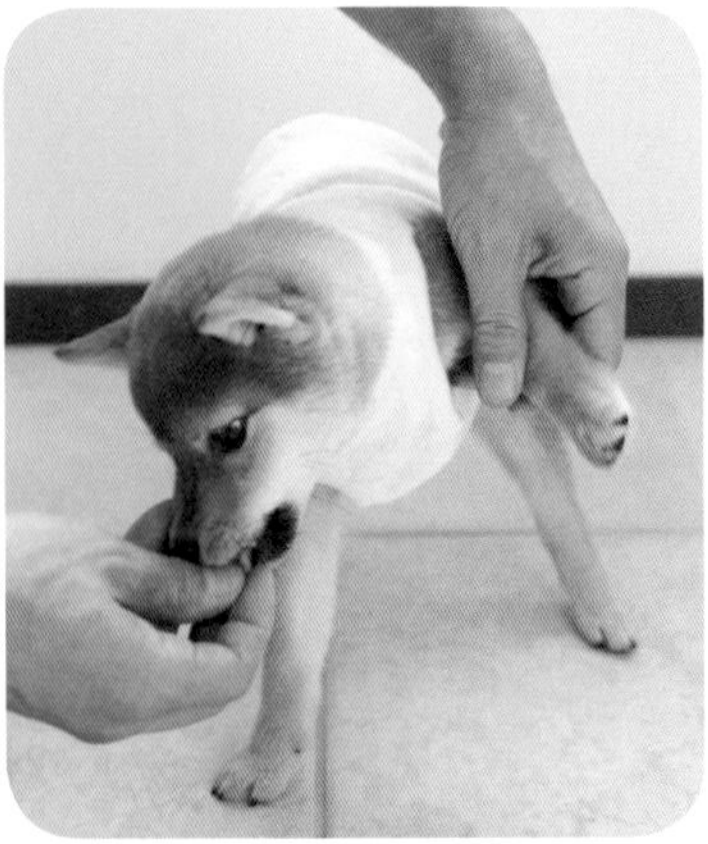

3　袖を通す

袖口から手を入れ、片足ずつ出します。両足出せたら、最後にフードをあげます。

パピークラスに参加して社会性を育もう

多くのしつけ教室や動物病院では、子犬を対象とした「パピークラス」を設けています。さまざまな物事への社会化を行ったり、問題行動の予防に役立つトレーニングを行うことは、とくに子犬の時期には効果的。その後の犬との生活に大きなメリットをもたらしてくれるでしょう。

そのためには確かな経験と知識のあるインストラクターから学びたいもの。ここでいい教室のポイントを教えましょう。

1 グループレッスン主体

➔プライベートレッスンでは犬への社会化が進みません。

2 インストラクターまたは ペットドッグトレーナーが教えている

➔家庭犬に必要なことを教えられるのがインストラクターやペットドッグトレーナーです。作業犬を育てる訓練士ではありません。ただしなかには通信教育だけで得られるトレーナー資格もあるので、公益社団法人認定の資格のある人だと安心です。

3 自発的なアイコンタクトを 高めるようなトレーニング方法か

➔P.42で述べたように、人と犬が幸せになるにはアイコンタクトが必須です。

以上のことを確認するために、実際に教室に足を運んで見学するとよいでしょう。おすすめは公益社団法人・日本動物病院協会（JAHA）認定のインストラクターが運営するしつけ教室。本書監修の西川文二氏主宰のCan! Do! Pet Dog Schoolもそのひとつです。

JAHA認定家庭犬しつけインストラクターによるしつけ方教室
https://www.jaha.or.jp/owners/dog-class/

ワクチン・プログラムが終了していなくても、2回目のワクチン接種後2週間が経過していれば多くのパピークラスには参加できます。

しつけ教室が不定期で開く「パピーパーティー」もあります。子犬連れの飼い主さんが多く集まり、犬への社会化にはおすすめ。ただししつけをちゃんと学びたいならやはりパピークラスに通うほうが効果的です。

イヤイヤ
柴犬さん大集合！

散歩中に突然動かなくなるイヤイヤ柴犬さんたち。
ガンコなところが柴犬の魅力でもあるけれど、ねえそろそろ歩かない？
ある程度気が長くないと、柴犬の飼い主はつとまりません……。

←↓散歩中に動かなくなったナナコちゃん。いくら引っ張ってもテコでも動きません。そのうち雨が降ってきて、飼い主さんもナナコちゃんもびしょぬれに……。しょぼんとしてようやく歩き出すナナコちゃんなのでした。

↑リードを引っ張られても頑として動かないべりやん。これ、毎日の恒例行事。

前足

テツは前足が器用です。
網戸なんて簡単!
スッ
そんなテツの『イヤイヤ』ポーズは…
これをやられると振り払えないから不思議…

イヤイヤ

↑波打ち際に近づきたくなかったのか、砂浜で拒否柴を発動する白柴の大福ちゃん。拒否の跡がズルズルと砂に残ります。

動かないもんねー

↑カエルのように足を広げて地面に寝そべる黒柴のもんちゃん。よく見ると、目線だけはしっかりこちらに向いています。

奥ゆかしさを感じるよね!

↓→地面に横たわるばかりか、側溝にはまり込んでしまったあずきちゃん。あごを乗せるのにもちょうどよく……。そんなところでリラックスしてないで、そろそろ行こ？

↓こちらは車から降りるのを拒否しているべりやん。自分で車に上り下りできるのに、飼い主さんに抱きかかえてもらうのを待つ甘えたさんです。

↑遠くに寝そべる白柴のムクちゃん。伸縮リードが伸びきっても動く気配なし。おーい、いつまでそこにいるつもり？

③

ワンコの日課

散歩と遊び

気まぐれ柴、理想の散歩ははるかなり

理想の散歩は……
いつもこんな風に歩けたらなぁ
散歩中の路面店で買い物
飼い主に歩調を合わせる犬
リードはたるんでいる
スカートで優雅に
実際は……
走らなくていいから
○川○夫
○×党
ワフッ
ワフッ
ただのポスターだよ
クスクス
オイデ!!
そっちはイヤ!
理想とはほど遠いよ〜
ズズズ

犬って「こんなものが!?」というものを怖がったりするよね～
そうなんですよね～
キューーン
昨日まではなかったポスト
それも全部社会化させよう!
ここでも社会化のテクニックが効くんですね!
○川○夫
○×党
ぱく
ぱく
リードを引っ張るなどの解決法は4章で!

散歩の準備は着々とぬかりなく！

● 2回目のワクチン
※目安の接種時期。
実際は個体によって異なる。

● 3回目のワクチン

2か月齢

3か月齢

社会化期

抱っこして外を歩く、カートに乗せて外を歩くなどで屋外の雰囲気に慣らす

はじめのうちは抱きかかえて外を見せたり、地面に下ろさずに散歩させて屋外に慣らします。

➔P.100 まずは子犬を小脇にかかえて散歩スタート

2回目のワクチンから2週間経ったら、清潔な場所なら下ろしてみる

ある程度の免疫ができた時期。犬の排泄物などがない場所なら下ろしても感染症の心配はほぼありません。

➔P.102 つぎに、地面に下ろして歩かせる

屋外の刺激に慣らすのに社会化期を逃す手はない

地面に下ろして歩かせていいのは、ワクチンプログラムが終了し感染症への免疫ができたあとです。しかしそのときにはすでに、物事に慣らすのに最適な社会化期は終了しています。散歩に慣らすのに、せっかくの社会化期を逃す手はありません。子犬を迎えて数日〜1週間くらい経ち、ある程度新しい環境に慣れたら、散歩への準備として屋外の刺激に慣らすことから始めましょう。窓や玄関から外を見せ、子犬を抱きかかえて外を歩き、街中のさまざまなモノを見せて社会化を進めます。

5か月齢　4か月齢

3回目のワクチンから2週間経ったら、外を歩かせてOK！

ワクチンプログラム完了。地面に下ろして散歩させましょう。はじめは短時間で済ませ、じょじょに長くしていきます。

散歩に慣れたら

毎日の散歩中にトレーニングを

4章の行動トレーニングを散歩中にもやってみましょう。いつでも、どこでもできるようにしておくことで、いざというときに役に立ちます。

➔P.134 楽しめなけりゃトレーニングじゃない

キケン!

伸縮リードの日常使いはNG

街中の散歩では、いざというとき犬を自分のそばで止められる長さ（P.99）でリードを持つ必要があります。伸縮リードもロックをすれば伸びませんが、とっさの事態では動転してロックできない人がほとんど。長いリードに自転車や歩行者が引っかかり転倒するなどの事故や損害賠償も発生しています。

散歩の第一歩は首輪とリードに慣らすこと

はじめは首輪を嫌がっても30分も経てば慣れる

散歩には首輪とリードが必須。まずは室内で、首輪とリードをつけた状態に慣らしましょう。はじめは違和感を覚えて首輪を外そうともがく犬もいますが、たいてい30分も経てば気にしなくなります。安全のため、それまでは目を離さずに。首輪が緩すぎると前足を引っかけて取ってしまうので、ちょうどよい長さに調節することも大切です。リードつきで歩いたり、引っ張りっこ遊びをしたりするうちにリードにも慣れるでしょう。

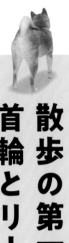

首輪の着け方

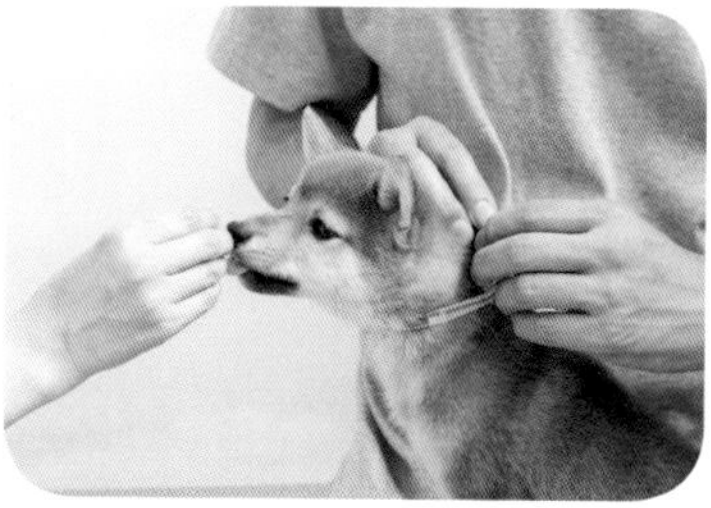

フードをあげながら首輪を着ける

1人がフードを差し出し、犬がフードをなめている間にもう1人が首輪を着けます。1人で着ける場合はフード入りのコングを利用するとよいでしょう。

➔P.059 コングの使い方

首輪の長さの目安

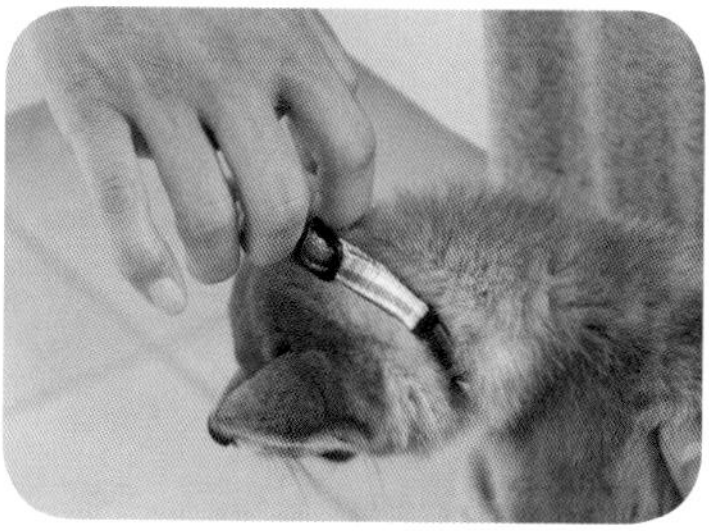

✓ 引っ張っても抜けない

緩すぎるといざというときの安全確保ができません。後頭部から前に向かって引っ張って確認しましょう。

✓ 親指が入る

もちろんきつすぎたらダメ。親指1本が入るゆとりが必要です。

首輪をつかまれることに慣らす

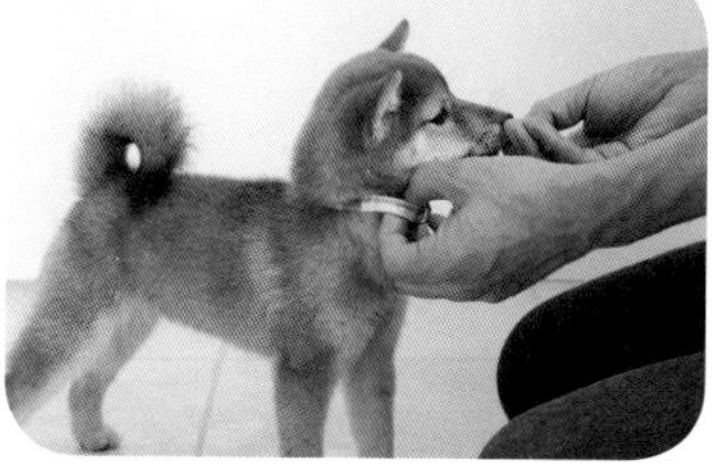

首輪をつかんでフードをあげる

愛犬の安全確保のために首輪をつかむ必要がある場合も多々。首輪をつかんだらフードをあげて「いいこと」を起こし慣らします。首輪に指をかけるだけで嫌がる犬は、先にフードをあげてから首輪をつかむと◎。慣れたらフードと同時に首輪をつかむ➔首輪をつかんでからフード、というふうに段階を踏みます。

首輪とリードの慣らし方

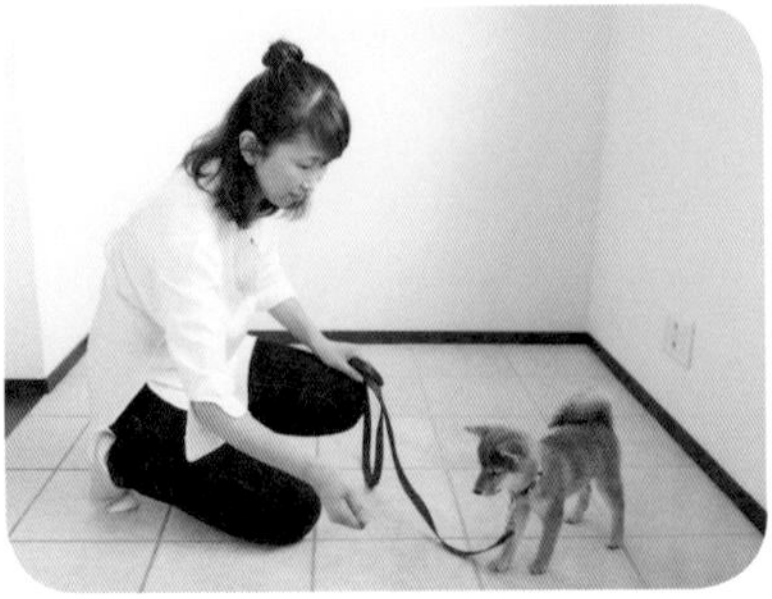

室内で首輪とリードをつけて遊んだりトレーニングしたり

屋外の散歩の前に、室内で首輪とリードをつけた状態に慣らしましょう。リードつきで室内を散歩したり、引っ張りっこ遊びをしているうちに慣れていきます。

→P.112 引っ張りっこ遊び

いろんな素材の上を歩かせる

「マグネット遊び」で歩かせる

屋外にはいろんな感触の場所があります。段ボールや人工芝、サークルの金網の上など、いろんな素材の感触に慣らしましょう。フードで誘導する「マグネット遊び」で、いろんなモノの上を歩かせます。素材の上にフードをばらまいて通過させてもOK。

→P.136 マグネット遊び

素材の上を通過したあとにだけフードを与えると、急いで通過するようになる犬も。素材の上でもフードを与えましょう。リードを引っ張って無理に歩かせるのはNGです。

犬は
素足で歩くから、
感触の違いに
敏感だよね

リードの持ち方

外を歩く散歩では、
拾い食いや飛び出しの事故などの危険があります。
そうした危険から犬を守るためには、このリードの持ち方が必要です。

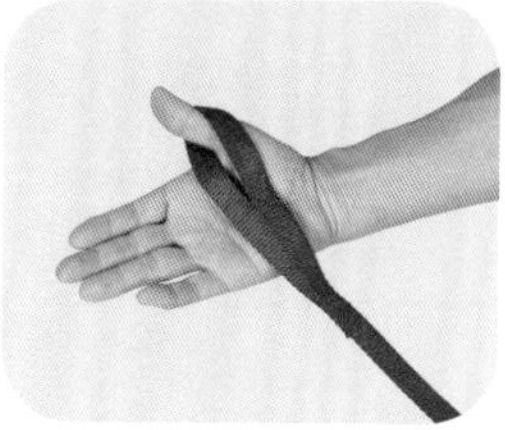

右手の親指にリード先端の輪をかける

この状態で背中側のフードポーチに楽に手を伸ばせたり、あご下に手を当てるアイコンタクトの合図（P.137）ができるリードの長さが必要です。

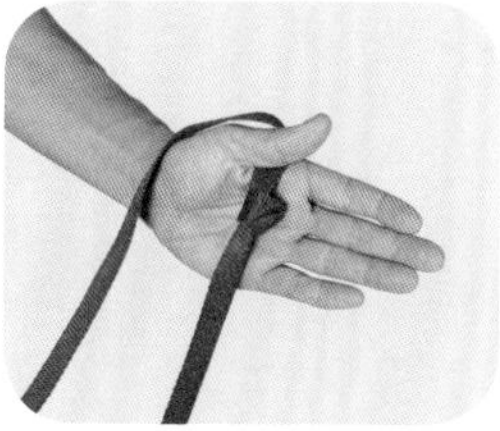

結び目を作り左手で握る

ひじを直角にするとリードがピンと張る長さ（右下）になる場所に結び目を作り、握る場所の目印にします。この結び目を「セーフティーグリップ」と呼びます。

ひじを直角にするとリードがピンと張る長さ

左腕のひじを直角に曲げたときに、犬との間のリードがピンと張る場所を左手で握ります。左腕を下ろしたときには上の写真のようにリードがたるみ、犬はリラックスできる状態に。

知ってる？

犬を左側にするワケ

犬を飼い主の左側につけるのは、昔の猟犬や軍用犬の慣習。現在の飼い犬ではどちらでもよいのですが、左側を共通ルールとして決めておけば、飼い主どうしがすれ違うときに犬どうしを離すことができ、トラブルを未然に防げます（P.145）。

まずは子犬を小脇にかかえて散歩スタート

STEP
1

家の中から外を見せる

犬を横抱き（P.76）で抱きかかえ、窓や玄関から外を見せます。犬は動いているモノに注目するので、通行人や自転車、自動車などが通るたびにフードを与えます。

子犬にとっては
初めて見るモノばかり！
怖がらないように
社会化させなくちゃ

屋外のさまざまなモノを見せながらフードをあげよう

家族しかいない家の中と違い、屋外には通行人、散歩中の犬、野鳥、走る車など刺激がいっぱい。これらさまざまなモノへの社会化が必要です。ポストなどの静止物より、動いている自転車などは刺激強め。はじめは離れた場所から見せてフードを与え、様子を見ながらじょじょに近づいていきます。静止物は近づいてから軽く叩いて音を出し、存在に気づかせてからフード。街中の「見知らぬ怖いモノ」をなくしましょう。

POINT

犬を落とさないよう首輪やリードに指をかけて

うっかり犬を落としてしまったら、恐怖で社会化が後退してしまいます。フードを与えるときは右手を犬から離しますが、そのときも左手の指を首輪やリードにかけておくと安心です。

STEP 2

人間にとっては
不思議なモノを
怖がることがあるよ

抱きかかえて外を歩く

ワクチンプログラム終了前は感染症予防のため地面に子犬を下ろせないので、横抱き（P.76）でかかえるか、スリングに入れて外を散歩します。はじめは家の周辺のみ、次に近くの交差点、商店街、駅前など、じょじょに刺激の強い場所へ。いろんなモノを見せてはフードを与えて慣らします。

いろんな刺激

ポストやのぼり

静止しているポストや自動販売機は、軽く叩いて音を出し、存在に気づかせてからフードを。のぼりはパタパタと揺らしてからフードを与え、怖いものではないと教えます。

人混み

商店街は音楽が聞こえたり、大声で宣伝している人がいたりして刺激強め。静かな街中に十分慣らしてからトライしましょう。お店の前でときどき立ち止まってはフードを与えます。

ほかの犬、ほかの人

出会った人からフードをあげてもらうと効果的。散歩中の犬に出会ったら、その犬を見せながらフードを与えます。

➜P.082 あらゆる人間に慣れさせよう

➜P.084 ほかの犬とだって穏便にやりたい

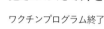

つぎに、地面に下ろして歩かせる

毎日の散歩でエネルギーとストレスを発散させよう

2回目のワクチンから2週間経ったら、子犬の免疫力もそれなりに高くなっています。屋外の清潔な場所に子犬をときどき下ろしてみましょう。その後3回目のワクチンから2週間経ったら免疫は十分。地面を歩かせてOKです。

散歩の大きな目的は、エネルギーとストレスの発散です。人間でもやんちゃな子どもはスポーツでエネルギーを発散させるもの。ですからやんちゃな犬ほど散歩や遊びの時間は増やすべきです。発散の場を十分に与えないと問題行動につながりかねません。

1日の散歩時間にとくに決まりはありませんが、飼い主さんの運動も兼ねているなら1万歩くらい、距離にして6㎞、時間は1時間半程度を目安にしてはいかがでしょうか。もちろんもっと長く散歩してもかまいませんし、歩くのがつらいなら室内の遊びで運動させてもかまいません。

ただし、室内の遊びでは得られないのが、散歩での「社会的な刺激」です。景色の変化や日々変わっていく街のにおい、風などを感じて歩くことが脳によい刺激を与えるのです。ですから高齢犬になっても散歩はできるだけ続けるのが望ましいのです。

2回目のワクチンから2週間後

清潔な場所に下ろしてみる

抱きかかえて外を歩き屋外への社会化を進めつつ（P.101）、感染症のリスクが少ない清潔そうな場所があればときどき犬を下ろしてみましょう。地面の感触に慣らすためです。地面に下ろしたらフードをあげます。電信柱や草むらは、ほかの犬の排泄物がある恐れがあるので避けて。マンホールや石段、石畳などさまざまな感触の場所にも下ろし、「マグネット遊び」をしながら通過させてみましょう。

→ P.136 マグネット遊び

いろんな感触に慣らす

マンホール

石段

石畳

3回目のワクチンから2週間後

いろんな場所を歩かせる

3回目のワクチンから2週間経ったら、ワクチンプログラムは終了。いよいよリードでのお散歩デビューです。いきなり長距離を歩くと肉球が傷つくことがあるので初日は10分くらいで切り上げ、少しずつ距離を伸ばします。犬が緊張して歩けない場合は無理にリードを引っ張ったりしてはいけません。抱きかかえての散歩に戻って慣らしましょう。

帰ってきて、体を拭くまでが散歩です

タオルやウェットシートに慣らす

1 小さくたたんだ タオルを見せながら フードをあげる

散歩のあと、体を拭かれることに慣らしましょう。タオルやシートがひらひら動くと興奮してじゃれつく犬がいるため、まずは小さくたたんで左手に持ちます。それを見せたら右手でフードを与えます。

2 タオルを少しずつ 大きくしながら フードをあげる

たたんでいたタオルを少しずつ開き、1と同じようにタオルを見せてからフードを与えます。

3 フードをあげながら 犬の背中に タオルを乗せる

フードをなめさせている間にタオルを背中に乗せてみます。犬の様子を見て大丈夫そうなら、タオルを少し動かしてみます。

コングを活用しながら体を拭く

サークルに挟む

サークルの枠の間、犬の鼻の高さにフードを詰めたコングを挟みます。犬がなめている間に足や体を拭きます。後ろ足を拭いたりブラッシングするのに向いています。

膝の間に挟む

フードを詰めたコングを膝の間に挟み、犬がなめている間に体を拭きます。顔が飼い主さんのほうに向くので目ヤニを取ったり前足を拭くのに◎。

困った!

足を拭くと怒る柴はタオルの上を歩かせてみて

　こうした社会化を行わずに社会化期を過ぎると、足を拭こうとしたときに本気で咬みつくようになる犬が現れます。そうした犬はひとまず足拭きをしばらくストップ。散歩後は除菌剤を染み込ませたタオルの上を歩かせたり、除菌剤を薄く張ったトレイの上を歩かせるなどして家に入れます。そして足を触ることから少しずつ慣らしましょう。

➜P.074 触られたがりな犬に育てよう

足で踏む

フードを詰めたコングを足で踏み、犬になめさせている間に後ろ足を拭いたり、背中を拭いたりできます。

コングはひとつあると
体のお手入れに
使えて便利!

➜P.059 コングの使い方

散歩の「公共マナー」を知ろう

公共の場を犬の排泄物で汚すのは厳禁

「散歩＝排泄の時間」ではありません。本来なら排泄は散歩に出かける前に済ませ、散歩中は排泄をさせないのが現在のマナーではベストとされています。「散歩＝排泄の時間」と覚えさせてしまうと、高齢で頻尿になったときなどは何度も屋外に連れ出さねばならず、飼い主さんの負担にもなります。ぜひ室内での排泄を覚えさせましょう。

　とはいえ、マーキング癖のある犬は屋外でも排泄したがるもの。他人の住居前や店の前は避け、排泄物は必ず始末してください。

犬が苦手な人もいることを覚えておこう

散歩中、犬好きで友好的な人に出会ったら、社会化のためにフードを与えてもらったりなでてもらうのは◎（P.82）。しかし世の中は犬好きの人ばかりではありません。犬が近づくだけで恐怖を感じる人もいますし、動物アレルギーの人もいます。ですから犬が自ら通行人に近づいたり飛びついたりする癖はなくしたいもの。人を転倒させることもあるのでトレーニングで解消しましょう。また狭い道では犬と通行人の間に飼い主が入るようにしてトラブルを防ぎましょう。

➜P.162 人に飛びつく

✓check!

犬を店の外につながないで

犬を店の外につないで買い物などをすることは違法にあたります。店に出入りするほかの客の迷惑にもなりますし、心ない人が犬を連れ去る事件も……。犬の安全面からもやめましょう。

散歩のスタイル

散歩のときに持ち歩くモノ

手をふさがないよう、ボディバッグやウエストポーチに入れて持ち歩きます。

✓ **ウンチ袋**
✓ **ティッシュペーパー**

ウンチの始末は飼い主の責任。忘れずに持って行きましょう。

✓ **マナーポーチ**

ウンチのにおいをシャットアウトするためにあると◎。

✓ **水**

オシッコを洗い流したり、のどが渇いた犬に飲ませるのに必要です。

✓ **ドライフード**

屋外での社会化やトレーニングに使います。

✓ **フードポーチ**

ドライフードがすぐ取り出せるように腰につけておきます。

➜P.058 フードの取り出し方

リードをしっかり持つ

犬の安全のため、またほかの人に迷惑をかけないため、しっかりリードを持ちましょう。街中ではロングリードや伸縮リードは使わないで。

➜P.099 リードの持ち方

鑑札と狂犬病予防注射済票を首輪に装着

これらの装着は法律により義務づけられています。万が一迷子になってしまったときは、鑑札の登録番号から飼い主が判明します。

オシッコは洗い流す

できるだけ道路脇の側溝や排水溝のそばで排尿させ、終わったら水で洗い流します。

ウンチは持ち帰る

ティッシュペーパーでつかんでウンチ袋へ。トイレシーツや新聞紙で受け止めても◎。

遊びにもやっぱりコツがある

くわえているものを無理やり奪うと、抵抗して手に咬みついたり…
取られまいとして飲みこんでしまうこともあるよ
う〜ん…
どうすればいいんでしょう
他の〝いいこと〟を与えるんですよ
ほら
フードを与えれば口を緩めておもちゃを離すでしょ
おもちゃとフードの交換!
それから、フードに反応しなくなるまで興奮させるのは、やりすぎだね…
ウー
ウー
ケダモノ状態になって手がつけられなくなる
この曲線のように手前でクールダウンさせるんですね!!
ケダモノ状態領域
(この線を超えないように遊ばせる)
興奮の度合い
うなる、おもちゃを引きちぎるなどの興奮行動
座るなどのクールダウン
遊びの時間経過

興奮とクールダウンの手綱をとろう

限度を超えそうになったら いったん落ち着かせる

散歩と同様、遊びもエネルギー発散の場であり、飼い主と犬との楽しいコミュニケーションの場でもあります。ですが、遊びに興奮しすぎて手に咬みついてきたりする犬は少なくありません。

これを避けるためには、興奮しすぎる前にクールダウンすることが必要。興奮しすぎてある一定のラインを超えると、犬は手がつけられない「ケダモノ状態」になってしまい、なかなか落ち着くことができなくなる恐れもあります。一定ラインを超える前におもちゃを放すように誘導し、遊びを中断しましょう。中断のサインは、犬が唸る、おもちゃをくわえてグイグイ引っ張る、首をぶんぶん振るなど。犬が落ち着きを取り戻したら遊びを再開し、これをくり返してその合算でエネルギーを発散させます（P.109のグラフ）。

このようにして飼い主が犬の興奮をうまくコントロールしていけば、犬は興奮をすぐに鎮められるようになります。また、いったん遊びを止めても再開することで、「おもちゃを放しても楽しい遊びは終わらない」と教えることもでき、モノへの執着も薄くなります。加えて「チョウダイ」（P.113）を教えれば、危険なものをくわえたときなどにも役に立ちます。

遊びの心得

心得 1

はじめはリードつきで遊ばせる

リードをつけないで遊ぶと犬が飼い主から離れたときに人が追いかける形になります。すると「遊び＝追いかけっこ」となり、おもちゃをくわえて飼い主から逃げるようになってしまいます。

心得 2

飽きるまで遊ばせない

少々物足りないくらいで終わらせたほうが次回も楽しく遊べます。犬が飽きるまで遊ばせると、次に遊ぼうとしたとき「あのつまらなかった遊びだ」という気分で乗ってこないこともあります。

心得 3

おもちゃは使わないときはしまう

おもちゃは普段はしまっておき、遊びのときだけ取り出します。部屋に置きっぱなしで犬がいつでも好きなときに遊べる状態だと、「飼い主さんがいなくても十分に楽しい」という心理に。「飼い主さんがいないと大好きなおもちゃで遊べない」という心理にするのが◎。

引っ張りっこ遊び

噛みつき欲求を満たす引っ張りっこ遊びは犬との遊びの基本。
加えて「チョウダイ」を教えるといろいろなシーンで役立ちます。

STEP 1

1 おもちゃに注目させる

犬が座るなど落ち着きを見せたらスタート。

2 おもちゃを動かして遊ばせる

「スタート」と言ってからおもちゃを動かします。犬がおもちゃに噛みついてきたら引っ張りっこ。急に止めたり、おもちゃを背中側に隠すなど動きも工夫しましょう。

3 犬が興奮してきたらいったんクールダウン

唸りながらグイグイと引っ張ったり、左右にブンブン振るような動きを見せたら興奮のサイン。クールダウンさせます。ポーチからフードを取り出し、フードを握り込んだ手を犬の鼻先に近づけてにおいを嗅がせます。

4 フードとおもちゃを交換

犬はフードがほしくて口を緩めるので、おもちゃと交換にフードをあげます。犬がおもちゃに飛びつくなどせずに落ち着いていることができたら遊びを再開。1～4をくり返し、犬が飽きる前に終了しましょう。

STEP 2

コトバの合図を教える

STEP1をくり返して犬がおもちゃをすんなり放すようになったら、フードを握り込んだ手を近づける直前に「チョウダイ」と言うようにします。やがて犬は「チョウダイ」のコトバに反応しておもちゃを放すようになります。

「チョウダイ」を覚えると、投げたおもちゃを取って来るようにもなります。

留守番に役立つ ひとり遊び用おもちゃ

コングワブラー

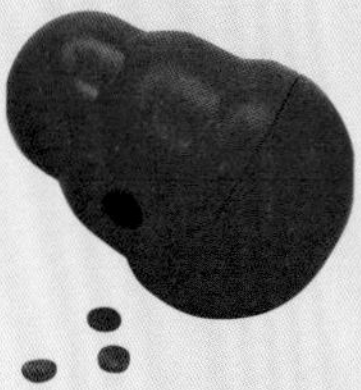

起き上がりこぼしのような動きのおもちゃ。転がしながら中に入っているフードを少しずつ取り出して食べられます。

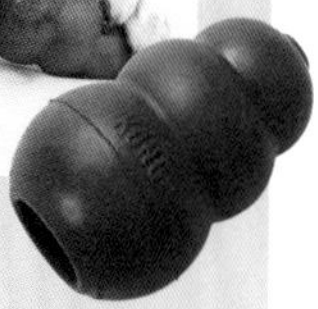

コング

丈夫な天然ゴム製で、中にフードを詰められるおもちゃ。噛んだり、中にあるおやつをなめたりして遊べます。

➔P.059 コングの使い方

タグアジャグ

うまく転がすと中のフードがこぼれ出る知育おもちゃ。どうやったらフードが出せるか、頭を使いながら遊べます。

柴犬と楽しいおでかけ

たまには犬と一緒に遠出したいものですよね。
カフェに行ったり
広いドッグランで走らせたり
何にするー?
わくわく
LUNCH
犬用メニュー
ゴンとテツを連れて一泊旅行。バーベキューを楽しんだことも!
ちょっと待っててねー
事前の準備はしっかりと。
テツが車に酔いやすいから1時間おきに休憩しようね
ハァハァ
MAP
早目に出発しよう

安心して寝られるように、いつも使っているベッドを持参。
フウ
もし粗相してしまったらサッと掃除できるよう道具も。
消臭スプレー
トイレシート
ぞうきん
いつものドッグフードと食器も持っていきました。
オヤツ
フードは小分けして
もし犬だけ部屋に残していくと鳴きやまないという場合は…
宿のレストランでの食事は交替制にするとか…
シ～ン
外で買ってきて部屋で食べるとか？
コンビニ
こういった覚悟も必要。
脱走や他の犬とのケンカにも注意しなくちゃ
301
302
ワンワンワンワン
…とまぁ
大変なこともあるけど楽しかったよね！

ドライブに慣らして遠出しよう

ドライブへの慣らし方

1 音に慣らす

音の慣らし方はP.80の通り。車のエンジン音や走行中の音などを録音して聞かせます。

➔P.080 音におびえない犬にしよう

2 エンジンをかけていない車内でクレート・トレーニング

犬をクレートに入れ、車に乗せます。P.68の要領でクレート・トレーニングを行います。

➔P.068 クレート・トレーニング

3 エンジンをかけた車内でクレート・トレーニング

2の状態でおとなしく待機できるようになったら、車を止めたままエンジンをかけ、同様にクレート・トレーニングを行います。

4 車を動かす

3の状態で待機できるようになったら車を少し動かしてみます。はじめは短距離で、じょじょに移動距離を伸ばします。30分のドライブで酔わなければ、車酔いの心配はほぼありません。

ドライブの注意点

座席には座らせない

クレートなしで犬を座席に座らせたり、人が犬を抱っこして乗るのは危険。危険運転として道路交通法違反で罰せられることもありますし、最悪の場合、急ブレーキで犬がフロントガラスに突っ込んで死亡することも。必ずクレートに入れ、シートベルトで固定して。

酔い止めを用意

車酔いする犬はあらかじめ酔い止めを飲ませ、嘔吐を極力体験させないようにすることが大切。嘔吐をくり返すとドライブに嫌なイメージがついてしまいます。ちなみに、幼いうちは車酔いしていた犬も成長するとほとんどの場合しなくなります。

知ってる？

レンタカーやタクシーは犬NGの場合も

レンタカー会社によってはペット同乗不可の場合も。同乗可の場合も、ペットはクレートから出さないことが条件の場合もあるので予約の際に確認を。タクシーはほとんどの場合ペット同乗可ですが、運転手の判断に任せている場合もあるので乗車の際に確認しましょう。

TAXI

車内に置き去りにしない

真夏の車内でエアコンを切ると15分で危険レベルの高温になることがわかっています。春や秋でも温かい日は油断禁物です。

車内で
熱中症多発！
くれぐれも注意を

海岸線を
走るワン♪

海

お外ならこんなレジャーも!

犬飼いの醍醐味のひとつは、アウトドアを一緒に楽しめること!
広い場所で思い切り走り回る愛犬の姿を見るのは嬉しいもの。
最近では犬と一緒に泊まれる宿もたくさんあります。
どこへでも一緒に出かけられる柴犬ぐらしを目指しましょう!

※伸縮リードはまわりへの迷惑や犬の拾い食いに十分注意して使用しましょう。

水遊び
タノシー!
川

山
たかーい

フリスビー
大好き!

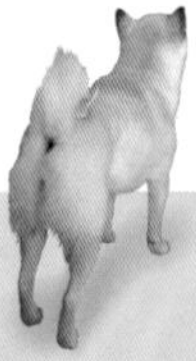

「オイデ」をマスターしたらドッグラン・デビュー！

おすすめは貸し切りできるドッグラン

ノーリードで広い場所を走り回れるドッグランは貴重な場所です。しかし、不特定多数の犬が集まる場所でもあるため、犬どうしのケンカや咬傷事故も起こる危険な場所でもあります。欧米のペット推進国では確実な呼び戻し（オイデ）ができることが入場条件となっていますが、日本のドッグランにはそういったルールがなく、犬どうしの争いが起きても止めることができない状態。せめて愛犬だけは「オイデ」（P.140）を習得させておきたいものです。

こうした危険のない方法として、ドッグランを貸し切りする手があります。費用はかかりますが、1時間単位で貸し切りできるところもあります。仲のいい犬仲間と誘い合って利用するのもよいでしょう。

犬嫌いの犬を連れて行くのは逆効果

飼い主さんのなかには飼い犬の犬嫌いを克服させようとしてドッグランに連れて行く人がいますが、犬嫌いの犬をただドッグランに放り込むだけではますます犬が苦手になるだけ。ほかの犬への社会化は飼い主が犬をコントロールできる状態で行うのが鉄則です。

意外に思うかもしれませんが、そもそも家庭犬はほかの犬と仲良くなる必要はありません。ほかの犬への社会化は必要ですが、それは街中にいるほかの犬にいちいち恐怖を感じていたらストレスになるため。ほかの犬と遊べなくても、飼い主さんと十分遊べていれば家庭犬は幸せなのです。「犬どうしで遊ばせてあげなくちゃかわいそう」という思い込みは捨ててしまってください。

↓P.084 ほかの犬とだって穏便にやりたい

ドッグランの注意点

☑ 発情中や感染症にかかっているときは連れて行かない

発情中のメスがいるとオスが興奮し、オスどうしで争いが起きたり、知らないオスと交尾してしまい妊娠してしまうこともあります。発情の出血開始から４週間程度はドッグランの利用は避けましょう。また多くの犬がいる場所に感染症にかかっている犬を連れて行くと病気を広めてしまうことも。完治するまで利用は避けます。

☑ 入場前に排泄を済ませる

ドッグラン内で排泄させないために入場前に排泄を済ませます。それでも中で排泄してしまったらすみやかに処理を。

☑ 愛犬から目を離さない

トラブルがあったときにはすぐに対処できるよう、愛犬を見守る必要があります。おしゃべりに興じたりスマホに熱中したりしないで。

☑ おもちゃのルールを守る

犬どうしの争いを避けるためにおもちゃの持ち込みを禁止しているところや、おもちゃの種類を限定しているところがあります。

☑ フードのルールを守る

犬どうしの取り合いを避けるため、フードの持ち込みは禁止しているランがほとんど。人間の飲食も禁止です。

ドッグカフェにも行ってみたい

楽しいカフェタイムは愛犬のトレーニング次第

近ごろは愛犬と一緒に入れるドッグカフェが増えています。普通のカフェでもテラス席は犬ＯＫのことが多いよう。散歩の途中や遠出したときに一緒にランチをとったり、一服できたら楽しいですよね。犬仲間で集まっておしゃべりするのも楽しいものです。

ただ、やはり多くの人や犬が集まる場ですから、愛犬の「犬への社会化」ができていて、入店中おとなしく待つことができるようになってから利用したほうがよいでしょう。犬が騒ぎ続けると早々に店を出なければならないこともあります。

もちろんマナーも大切。マーキング癖のある犬はマナーベルトをする、店内に抜け毛が飛び散らないように服を着せるなど、店側やほかの客にも気を配り、気持ちよく利用したいものです。

上 人用のメニューはもちろん、犬用のメニューも充実のカフェがたくさん。
下 隣の席との間隔が広いオープンカフェなら店内より気が楽。こうした場所から慣らすのもいいですね。

ドッグカフェのマナー

✓ 犬から目を離さない

愛犬が隣の人や通路を歩く人にちょっかいを出すことも。おしゃべりやスマホに夢中になって愛犬の様子に気を配らないのはNGです。

✓ 服で抜け毛の飛び散りを防ぐ

抜け毛の飛び散りを防ぐために服を着せると◎。マーキング癖のある犬はマナーベルトもしておくとよいでしょう。

➔P.086 服にも慣らしておくと安心

✓ リードは専用のフックにつなぐか手に持つ

店内に犬のリードをつなげるフックがあればそこにつなぎます。なければリードを短くして手に持っておきましょう。

✓ 犬用メニューや飲み水は床に

犬用の器は床に置いて食べさせるというルールの店が多いよう。持ち込みのフードは禁止している店もあるので確認を。

✓ 犬は足元の床に

足元の床にステイマットを敷きその上に座らせるのが◎。犬を椅子に座らせていい店もありますが、テーブルの上に犬の足や顔を乗せるのはNGです。

犬連れ旅行はとにもかくにも事前準備

用意周到な計画と余裕のあるスケジュールを

まず大切なのは事前の確認です。宿泊施設のなかには宿泊できる頭数や体重制限など細かなルールが設定されているところもあります。事前によく確認しなかったために「犬と一緒に部屋で食事するつもりができなかった」「犬が基準外だったためしかたなく車中で過ごさせた」などという残念な例も……。犬連れの旅は、人間だけの旅よりも用意周到な計画と準備が必要なのです。

ロビーなどの共用部分では犬は必ずリードをつけて。

また初めての宿泊はなるべく近場で、1泊で済ませるのがおすすめ。自宅以外での寝泊りで愛犬がどんな反応をするか確認する〝お試し〟だと考えましょう。見知らぬ場所で不安を感じ、飼い主の姿が見えなくなると鳴き続けたり、室内に残るほかの犬のにおいにつられてマーキングを始めることも考えられます。食事や入浴の際も誰か1人は犬にずっとついていられるよう、家族や犬仲間と2人以上で宿泊するとよいでしょう。どうしてもそばにいられないときは犬をクレートに入れておきます。

犬の車酔い、排泄のタイミングなどで移動がスムーズに行かないことも多々。予定はあまり詰め込まず、余裕のあるスケジュールで動きましょう。

使い慣れたベッドやクレートを持ち込み、犬を安心させましょう。

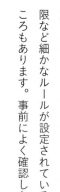

ホテルでのマナー

✓ いつものクレートを寝床に

クレート好きにするトレーニングは必須。使い慣れたクレートがあれば、見知らぬ場所でも落ち着く確率が高まります。

→P.068 クレート・トレーニング

✓ ベッドの上に犬を乗せない

ベッドの上に犬を乗せるのは禁止している施設が多いよう。OKの場合も、持参したシーツを敷くなどして抜け毛の付着や汚れを防ぎましょう。

✓ いつもの皿を用意

いつも自宅で使っているものを持ち込むと犬も落ち着くでしょう。

✓ トイレトレーを用意

クレートから少し離れた場所にトイレトレーを設置。マーキング癖のある犬はマナーベルトを着けましょう。

✓ 犬の排泄物は指定された場所に捨てる

使用済のペットシーツやウンチ袋は持ち帰るか、施設内の指定場所へ捨てます。客室にあるゴミ箱には捨てないで。

✓ 浴室は犬の立ち入り禁止の場合も

浴室は犬の立ち入り禁止の施設が多いよう。ペット専用の浴室がある施設もあります。

✓ タオルなどの備品を犬に使わない

人用に用意されているタオルなどを犬に使うのはマナー違反。持参した犬用タオルか、施設でペット用に用意しているものを使って。

マナーを守って
気持ちよく
過ごしたいですね!

しぐさ・表情からわかる

柴犬のきもち

犬と暮らしていると、なにげないしぐさや表情から
気持ちが読み取れるようになっていきます。
ここでは、代表的なものをご紹介します。

正確にきもちを読み取るには総合的な見方が必要

犬が見せるひとつひとつのしぐさや表情は、単語のようなものです。ひとつの単語だけでは文章は完成しません。体のほかのパーツの形や動き、そのときの状況や前後のつながりによっても、意味するところが変わってきます。

例えばあくびは普通眠たいときにするものですが、トレーニングの最中にするあくびは眠たいわけではなく「トレーニングにストレスを感じ、それを紛らわそうとしている」という意味になります。しっぽを振るのだって嬉しいときだけではありませんし、耳を寝かせていても恐怖ではない場合もあります。

ひとつのボディランゲージだけでなく全身の動きや状況も含めて、犬のきもちをはかれるようになりたいですね。

目 eye

目は心の窓。視線の行方やまぶたの閉じ開きにも気持ちが表れます。

鼻 nose

緊張すると鼻水が出たり、キューンと鼻を鳴らして甘えたり、意外と表情豊かです。

目をそらす

普段は見つめ合うことの多い愛犬が目をそらすのは、あなたに恐怖やストレスを感じているとき。トレーニングがうまく行かずあなたがイライラしているときなどは、目を合わせたくないのです。

目を細める

単にまぶしいときにも目を細めますが、ストレスを感じたときにも目を細めたり、まばたきが多くなったりします。「自分もあなたを見つめないから、あなたも私を見つめないで」というサインです。

鼻をなめる

ストレスで必要以上に鼻水が出ると舌でなめ取ります。相手に敵意がないことを伝える役割も。舌を出しているときに攻撃はできないからです。

鼻の上にしわを寄せる

相手を警戒し威嚇しているサイン。上唇を引き上げて犬歯を見せるためしわが寄るのです。唸る、体を低くするなどのサインも同時に見られます。

下の犬歯を見せる

まるで笑っているような表情はまさにリラックス状態。嬉しい気分なのです。上唇は引き上げないので鼻の上にしわは寄りません。

上の犬歯を見せる

犬の最大の武器である犬歯を見せて相手を威嚇しています。このサインを見せても相手が退かなければ実際のケンカに発展します。

あくびをする

眠たいときにもしますが、緊張状態でストレスをほぐすためにすることも。とくに目を開いたままのあくびは後者の可能性大です。

口 mouth

口の開閉や歯の見え方から気持ちが読み取れます。

耳 ear

通常はピンと立っている耳。耳が動くときは気持ちも動いているときです。

注目! 気を紛らわすときに見せるカーミングシグナル

カーミングシグナルとは、犬が混乱やストレスを感じたときに見せるボディランゲージ。相手や自分を落ち着かせるサインとなるしぐさで、英語の「CALM」(落ち着かせる)から来ています。

具体的には目を細める、まばたきを多くする、目をそらす、鼻をなめる、あくびをする、体をブルブル振るなど。緊張状態のときにこれらのしぐさを見せたら、ストレスを感じているのだと理解してあげましょう。どれもほかの意味ももつしぐさなので、犬の置かれている状況から判断することが大切です。

知ってる? 飛行機耳って?

柴犬の飼い主さん内でよく知られる「飛行機耳」。両耳が横に平らになり、飛行機の翼のように見えることからそう呼ばれます。飼い主さんと再会するなど非常に嬉しいときに見せる表情のよう。嬉しいのに耳が横を向くのは、飼い主さんが頭をなでるとき耳を寝かせる癖があってその癖が先に出る、喜びで口角を引くと一緒に耳を下げる筋肉が動いてしまうなどの理由が考えられます。

耳を寝かせる

恐怖を感じると、大事な耳を守ろうとして耳を寝かせます。しっぽを股の間に挟むのも同じこと。体を低く小さくして身を守るのです。

耳を横向きにする

耳を立てたまま横に向けるのは、怒りや恐怖が混じった感情。互角の相手に威嚇するときなどに見せる表情で、いずれにしろよい気分ではありません。

上のほうで小刻みに振る

しっぽを上げるのはポジティブなきもち。振るスピードが速いのは興奮のしるしで、喜びで大興奮の状態です。

上のほうでゆっくりと振る

相手に興味がある、もしくは積極的に向こうの出方をうかがっている状態。場合によっては攻撃をしかけることも。

下のほうでゆっくりと振る

しっぽを下げるのはネガティブな気持ち。不安を感じながら、この先どうなるのか様子をうかがっています。

胸をつけ、おしりを高く上げる

プレイバウと呼ばれる、相手を遊びに誘うしぐさ。相手に敵意がないことを伝えるカーミングシグナルでもあります。

片方の前足を上げる

相手に前足で軽く触れるのはパピーリフトと呼ばれる甘えのしぐさ。宙で前足を止めるのは何かに集中していたり、ストレスによる硬直の場合もあります。

しっぽ tail

感情と直結しているしっぽ。じつは、しっぽを振っているからといって喜んでいるとは限らないのです。

足 foot

相手に近づいたり、距離を置いたり。不思議なポーズをすることも。

④

楽しみながら！

トレーニング

トレーニング

トレーニングはゲーム感覚が一番！

トレーニングって、なんだか厳しいイメージがあります
ストイックというか…
それは警察犬などが行うトレーニングのイメージがあるからでしょう
ここで教えるのは家庭犬として日常生活で役立つものです
例えば散歩中に信号待ちをするときは…
マテ
イタズラしそうになったときは
オイデ
で
呼び寄せれば防ぐことができるよね。
ホッ

「オテ」などは教えないんですか？
「オテ」は芸だよね
脳の活性化にはつながるけど日常生活で役立つわけではないのでここでは教えません
もちろん家庭では教えてもかまわないけど
とにかく家庭犬のトレーニングは遊びの中で行うのが一番！
リラックスして楽しんでね
わーこれはゲームみたい♫
「フセ」の練習の1つ

楽しめなけりゃトレーニングじゃない

トレーニング成功のコツは何より楽しんで行うこと！

犬のやる気を起こし、記憶力を高めるには脳のドーパミン神経回路を活性させることが大切です。簡単にいうと犬を楽しませながら行うのが最も効果的なトレーニング方法。飼い主さんがクイズ番組の司会者になって、犬に正解を出させるような感覚でトレーニングを行いましょう。もちろんフードというご褒美も用意します。「教えなくちゃ」という義務感では犬のやる気も下がりますし、飼い主さんも楽しくありません。

トレーニングの進め方

すべてのトレーニングはこの順番で進めます。あるSTEPがほぼ100％できるようになったら次のSTEPに進みます。

STEP 1　動作を教える

例えば「オスワリ」なら、その動作（おしりを床につける）を自然にするよう、フードで誘導します。うまくできたらご褒美をあげて、その動作を覚えさせます。

STEP 2　コトバの合図を教える

オスワリをさせる直前に「オスワリ」のコトバを発します。くり返すことで犬はコトバと動作を関連づけて覚えます。

STEP 3　合図だけで動作ができるようになる

コトバや手の合図だけでその動作ができるようになります。

POINT

コトバは統一する

指示するコトバは何でもかまいませんが、統一することが大切です。犬はコトバの意味を理解しているわけではなく、音で覚えるからです。家族のなかでバラバラのコトバを使っていると犬は混乱してしまいます。

POINT

1回のトレーニングは5分程度

楽しいトレーニングでも、長々と行うとやはり飽きてしまいます。1回あたりの時間は5分程度に抑えましょう。短時間で集中したトレーニングを頻繁に行うほうが効果的です。

POINT

カーミングシグナルを見せたら気分転換をする

カーミングシグナルとはストレス状態にあるときに犬が見せるしぐさのこと。あくびをする、鼻の頭をなめるなどがそうですが、トレーニング中に見せる場合は、トレーニングに飽きているか、うまくできずにストレスを感じている証拠です。下記の方法で気分転換させるか、やる気をアップする必要があります。そのまま続けていても成果は上がりません。

➔P.129 カーミングシグナル

方法 1 フードを替える

方法 2 トレーニングのレベルを下げる

方法 3 「マテ」などのトレーニングのときは犬を少し動かす

方法 4 ひと眠りさせる

プレ・トレーニング

マグネット遊び

フードで犬を誘導する遊びで、すべてのトレーニングの基礎の基礎。
まるで磁石のようにフードを握った手に犬の鼻先がついてきたらOK。

1 犬の鼻先に手をつける

フードを握り込んだ右手を犬の鼻先につけます。犬はにおいを嗅いでくるはず。

➔P.058 フードの持ち方

手の位置が高いと犬は飛びついてきます。犬の鼻の高さに合わせます

リードはつねに緩んでいるように。ピンと張ると、犬の動きが止まってしまいます

2 手を水平に動かす

犬が手にぴったりついて歩いたら、フードをあげて褒めます。

手を咬んできたらフードを与えない

フードが欲しいあまり手に咬みついてきたら、絶対にフードはあげないで。「咬めばフードがもらえる」と覚えてしまいます。同様に、犬がうまくできなかったのにフードをあげるのもNGです。

3 左右や前後に動かす

犬を元の位置に戻したり、体の後ろに動かしたりします。犬がうまくついてきたらフードをあげて褒めます。

トレーニング 1

アイコンタクト

飼い主と視線を合わせるアイコンタクトは、
飼い主に注目させるために欠かせないものです。

1 犬の鼻先に手をつける

フードを握り込んだ右手を犬の鼻先につけます。

2 手をあごの下に移動する

右手をあごの下に動かします。これがアイコンタクトの手の合図になります。手の動きにつられて犬は飼い主さんを見上げるはず。

POINT

口笛で気を引いても

犬がうまく見上げなければ、口笛や舌打ちで注意を引きます。飼い主さんがしゃがむとできる犬もいます。

3 コトバの合図を加える

アイコンタクトの場合、コトバの合図は愛犬の名前です。名前を呼んでから2の動きをし、目を合わせたらフードをあげます。くり返すうちに、名前を呼ばれるだけでアイコンタクトができるようになります。

トレーニング 2

オスワリ

座っておとなしくしていることができると、日常生活がぐんとスムーズになります。指示語は「スワッテ」や「SIT（シット）」などでもOK。

1 犬の鼻先に手をつける

フードを握り込んだ右手を犬の鼻先につけます。

2 犬が上を向くよう手を動かす

犬の鼻先が上を向くように右手を移動します。すると自然におしりが床に着きます。

POINT

犬が後ずさりをしてしまうとき

犬が後ずさりをしておしりを床に着けない場合は、壁際など後ずさりできない場所でやると◎。

4 コトバの合図を加える

「オスワリ」と言ってから 1 ～ 3 を行います。

3 座った姿勢でフードをあげる

犬の鼻先が上を向いた状態でフードをあげて褒めます。褒め終わるまでおしりが床から離れないように。

トレーニング 3

フセ

待たせるときなどに使うポーズ。「オスワリ」がスムーズにできるようになったらトライしましょう。コトバは「DOWN（ダウン）」などでもOK。

1 オスワリをさせる

フードを握り込んだ右手を犬の鼻先につけ、そのまま右手を動かして犬のおしりを床に着けます。

2 手を下に動かす

右手を真下に下ろすと、それを追う犬は自然にフセの姿勢になります。フセの姿勢のままフードをあげて褒めます。

フセ

3 コトバの合図を加える

「フセ」と言ってから1～2を行います。

上の方法でうまく行かないときは

腕くぐり

床のやや上で固定した腕の下を、フードで誘導してくぐらせるとフセの姿勢になります。

足くぐり

曲げたひざの下を、フードで誘導してくぐらせるとフセの姿勢になります。

トレーニング 4

オイデ

「オイデ」ができるようになれば、好ましくない行動を未然に防ぐなど、危険回避にも役立ちます。1人で行うSTEP1ができるようになったら、2人で行うSTEP2、3へ。コトバは「ソバへ」「COME（カム）」などでもOK。

STEP 1

1 アイコンタクトをとる

犬の名前を呼んでアイコンタクトをとります。

→P.137 アイコンタクト

背景を体で隠すように手を体の左右中心に置くのがコツ。背景が見えてしまうと犬の気が散ります

2 フードで誘導しながら数歩下がる

フードを握り込んだ右手を犬の鼻先につけます。においを嗅いできたらそのまま数歩下がります。

3 体が密着してから褒める

犬が右手についてきたらOK。「飼い主の体に触れるところまで来る」ことを覚えさせるため、右手を自分の体につけながらフードをあげて褒めます。

4 コトバの合図を加える

2を行う直前に「オイデ」と言い、1〜3を行います。

STEP 2

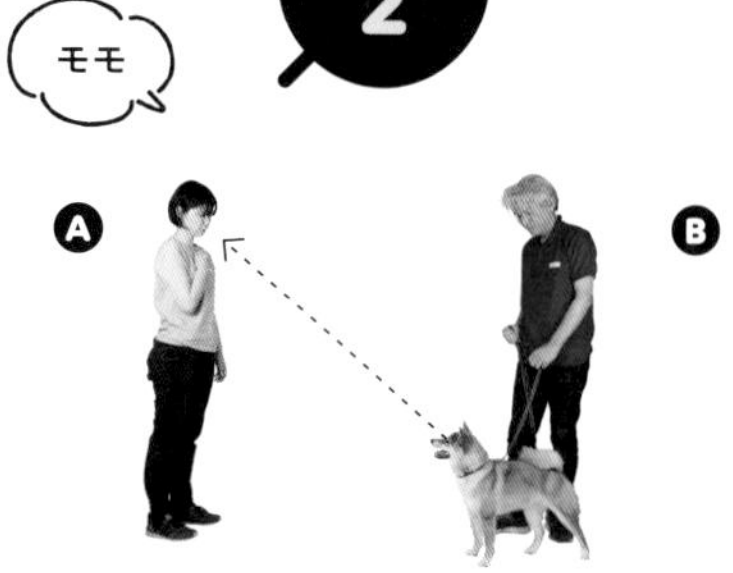
モモ
A
B

アイコンタクトをとる

Bさんがリードを持ち、Aさんが少し離れた場所に立ちます。Aさんが犬の名前を呼んでアイコンタクトをとります。

オイデ

フードで誘導しながら数歩下がる

Aさんが「オイデ」と言い、フードを握り込んだ手で誘導しながら後ろに下がります。犬がついていったらBさんもついていきます。リードはゆるんだ状態です。

イイコ

体が密着したら褒める

右手を自分の体につけながらフードをあげて褒めます。2人の役割を入れ替えてくり返します。

STEP 3

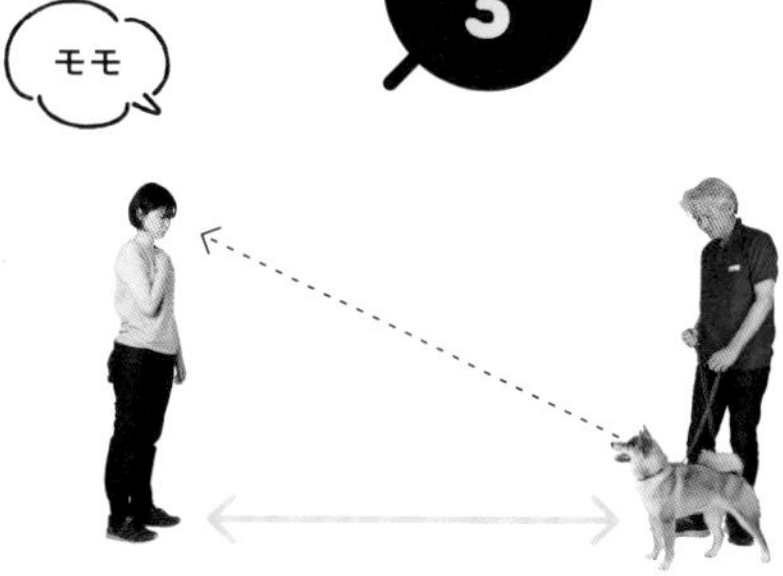
モモ

少しずつ距離を伸ばす

AさんとBさんの立ち位置をじょじょに離していきます。アイコンタクトが難しい場合は口笛や舌打ちで気を引きます。

オイデ

コトバと手の合図を送る

離れていてもコトバに反応して犬が来るようになったら完成。

「オイデ」で
呼び寄せたら、
絶対に嫌がることをしないのも
大事なポイント
呼ばれて来たのに
嫌なことがあると、
来なくなって
しまいますよ!

トレーニング 5

マテ

飛び出し事故を防ぐためや、周囲に迷惑をかけないために必要な「マテ」。
難易度が高いので忍耐強く教えましょう。

STEP 1

右手にフードを複数握っておきます

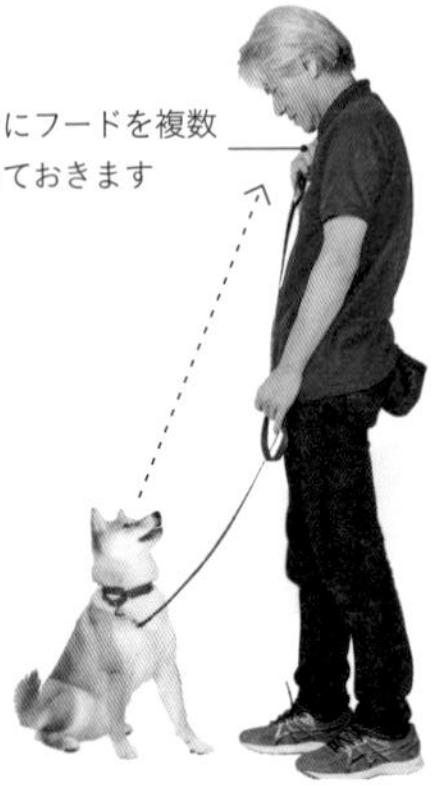

1 オスワリをさせて アイコンタクト

オスワリとアイコンタクトができるようになっていることが前程です。

→P.137 アイコンタクト

→P.138 オスワリ

2 フードを次々与える

犬が立ち上がる前にフードを次々あげます。「スワレの姿勢でいる限り、フードがもらえる」と覚えさせます。

「オアズケ」は教えない

フードを前にして待たせる「オアズケ」を教えると、「フードを前にしたら動いてはいけない」と覚えてしまい、本書で紹介する「フードで誘導する方法」がスムーズにできなくなってしまいます。そもそも「オアズケ」は番犬に必要なトレーニングで、家族以外に食べ物で懐柔されないようにするためのもの。現代の家庭犬には必要ありません。

3 おしまいを教える

握っていたフードがなくなる直前に、終了を教えるために歩きます。犬のおしり側に歩くと犬も動きます。終了の合図として「OK」などのコトバを動く直前に発しましょう。

4 アイコンタクトを 持続する

2 と同じようにフードを次々与えますが、フードをあげたあとに必ずアイコンタクトをとり、アイコンタクトの持続ができるようにします。最後は 3 と同じように終了します。

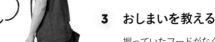

STEP 2

フードとフードの間隔を開けていく

STEP1と同じように次々にフードをあげます。犬が理解するにつれ、座った姿勢をキープできる時間が延びていくはず。

STEP 3

フードを握り込んだ右手を見つめる犬の視線を遮るように左の手のひらを出します

コトバと手の合図を加える

フードをあげる前に、「マテ」と言いながら左の手のひらを犬に向けます。

STEP 4

1 「マテ」をさせながら少し離れる

STEP3と同じように「マテ」をさせたら、少し後ろに下がります。はじめは靴1個分から。

2 戻って褒める

すぐに戻り、フードをあげて褒めます。

3 少しずつ距離を延ばす

1 2をくり返しながらじょじょに下がる距離を伸ばし、最終的にはリードの長さいっぱいまで離れられるようにします。

トレーニング 6

ヒール

「HEEL（ヒール）」は「かかと」の意。散歩中に飼い主さんに集中して歩くためのトレーニングです。難易度が高いので少しずつ楽しみながら教えましょう。

STEP 1

1

アイコンタクトをとる

右手にフードを数粒握り込み、アイコンタクトの手の合図を行います。犬がアイコンタクトをとってきたらフードをあげて褒めます。

2

犬の後ろに回り込む

フードを1粒あげたら再度アイコンタクトの手の合図を。犬がアイコンタクトをとったら、犬の右側に移動。犬が動かないとアイコンタクトがとれない位置へ下がります。

3

犬が正面に来てアイコンタクトをとってきたら褒める

犬が動いて人の正面に回り込み、アイコンタクトをとってきたらフードをあげて褒めます。

4

2〜3をくり返す

くり返すことで、犬は「アイコンタクトをとりながら人の動きについていく」ことを覚えます。

STEP 2

1 アイコンタクトをとりながら歩く

犬がアイコンタクトをとったら、そのまま数歩歩きます。うまくできたらフードをあげて褒めます。こうしてアイコンタクトを維持しながら歩ける歩数を少しずつ増やしていきます。

2 コトバの合図を教える

1で5mほどアイコンタクトを維持して歩けるようになったら、アイコンタクトをとって歩き出す直前に「ヒール」と言います。犬が人を見上げながら止まらずに歩いたら、歩きながらフードをあげます。くり返すうちに、「ヒール」と言うだけでアイコンタクトをとりながら歩けるようになります。

応用

ほかの犬とすれ違う

散歩中はほかの犬と出会ってもいちいち興奮せずに通り過ぎることも必要です。手の合図とコトバの合図を出してアイコンタクトをとりながらほかの犬のそばを歩きます。ほかの犬に気を取られずにすれ違うことができたらフードをあげて褒めます。

※ほかの犬への社会化（P.84）、「ヒール」（P.144）ができるようになったうえで行うトレーニングです。犬仲間と一緒に行うとよいでしょう。

トレーニング 7

リードをゆるませて歩く

安全を保ちつつ散歩を楽しむためには、
犬がリードをぐいぐい引っ張らず歩けることが必要です。

NGな散歩スタイル

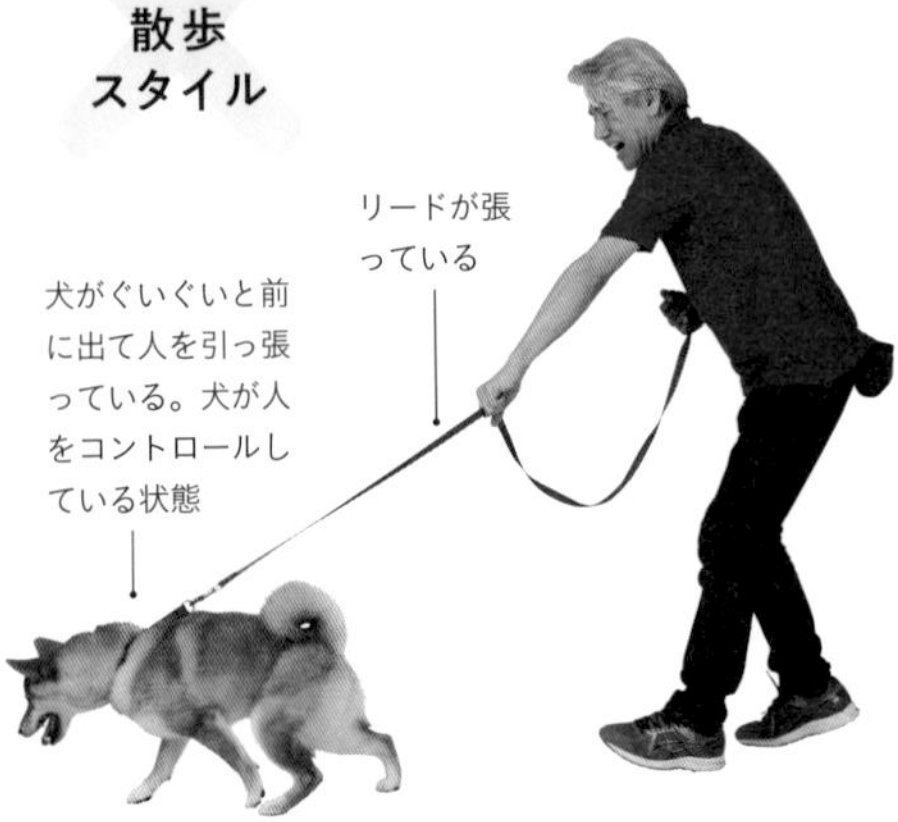

犬がぐいぐいと前に出て人を引っ張っている。犬が人をコントロールしている状態

リードが張っている

正しい散歩のスタイル

リードはゆるんだ状態

人と並んで歩いているか、人より前に出ていてもリードがゆるんでいればOK

犬が引っ張ったら立ち止まる

「リードを引っ張ったら歩けなくなる」ことを覚えさせるため、立ち止まり動かないようにします。犬があきらめて引っ張るのをやめたら再び歩きはじめます。引っ張り癖のある犬はなかなか前に進むことができませんが、短い距離から少しずつ始めましょう。

リードを持った左手を自分のおへそ辺りにつけると、しっかり固定できます

→P.099 リードの持ち方

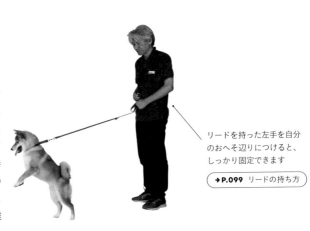

散歩中の引っ張り防止に役立つ道具

イージーウォークハーネス

ジェントルリーダー

どちらも、犬がリードを引っ張ろうとすると胸や鼻先が飼い主のほうを向くため、引っ張り続けることができない仕組みになっています。すぐにでも犬の引っ張りを何とかしたいと考えている人におすすめです。

知ってる？ チョークカラーでは良好な関係が築けない

引っ張り防止の道具としてチョークカラーも市販されています。引っ張った結果、首が締まる（嫌なことが起きる）ので、引っ張る行動が減っていくという理屈ですが、おすすめできません。P.53でも述べたように、罰を与えてしつける方法には弊害が多いからです。犬の訓練士のなかには「ジャーク3年」という言葉があります。ジャークとは首を締めあげること。プロでもその方法を習得するには3年かかるという意味で、一般の飼い主さんではとうてい使いこなすことはできません。誰だって、首を絞められながら教えられたくはありませんよね。

【柴辞典】

伝統的な用語からネット用語まで、柴犬に関わる言葉をずらりとご紹介。

＼知らないとモグリだぜ／

【きつね顔《きつねがお》 たぬき顔《たぬきがお》】

狐に似たシャープな顔立ちがきつね顔、頬が丸く狸を思わせるのがたぬき顔。頬骨の高さなどの骨格の違いや毛量によって顔の印象が違ってくる。同じ柴でも、冬毛でモフモフする冬場のほうがたぬき顔になりやすい。

たぬき顔

きつね顔

【四つ目《よつめ》】

目の上にある麻呂眉のような白い斑点模様のこと。黒柴はとくに目立つが、赤柴などほかの毛色にも見られる。柴犬のほかにダックスフンドなどの犬種にも見られる。

【裏白《うらじろ》】

色のある背中側に対して裏になる腹側が白いこと。足やしっぽの裏側も白い。背中側とのコントラストが柴犬の特徴のひとつ。

【かもめ眉《かもめまゆ》】

額に表れる、かもめのような形の模様を指す通称。「M字眉」ともいう。初めての換毛のあとに表れることが多いが、柴によっては毎年表れることも。ユーモラスな模様ゆえ真面目な顔をしていても笑える。

【袴毛《はかまげ》】

太ももの裏に生える長い毛のことで、冬毛のときに見られる。これがあることで雪の上に座っても冷たくないという。同様に、後頭部から背中にかけて生える長めの毛は「蓑毛(みのげ)」と呼ばれ、風雪をしのぐのに役立つという。

【白足袋《しろたび》】

足先が白く、まるで足袋を履いているように見える様子を指す俗称。この模様がない個体もいる。猫などでは「靴下柄」と表現されるが、日本犬だけに足袋という言葉が似あう。

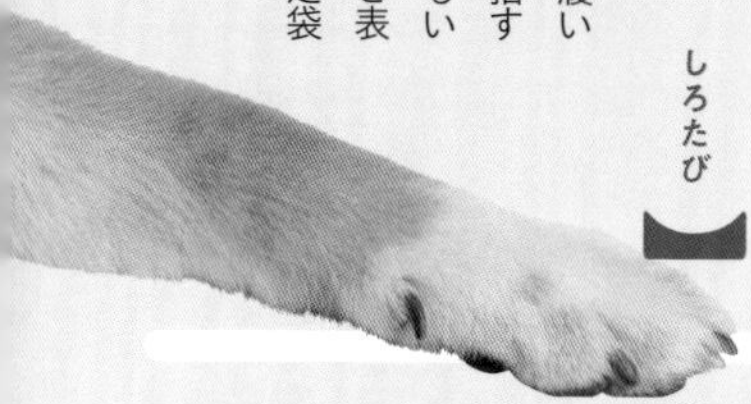

【巻尾《まきお》 差尾《さしお》】

くるりと巻いた形の尾を巻尾、しっぽの先が背中に届かず円を描かない形の尾を差尾という。左のイラストでは❶〜❻が巻尾、❼〜❾が差尾で、さらにそれぞれに固有の名称がついている。

【天使の羽根《てんしのはね》】

肩口にある白っぽい毛のこと。柴犬好きがつけた俗称で、インターネットを通じて広まったよう。すべての柴にあるわけではなく、換毛で模様が見えにくい時期もある。

【尾形の名称】

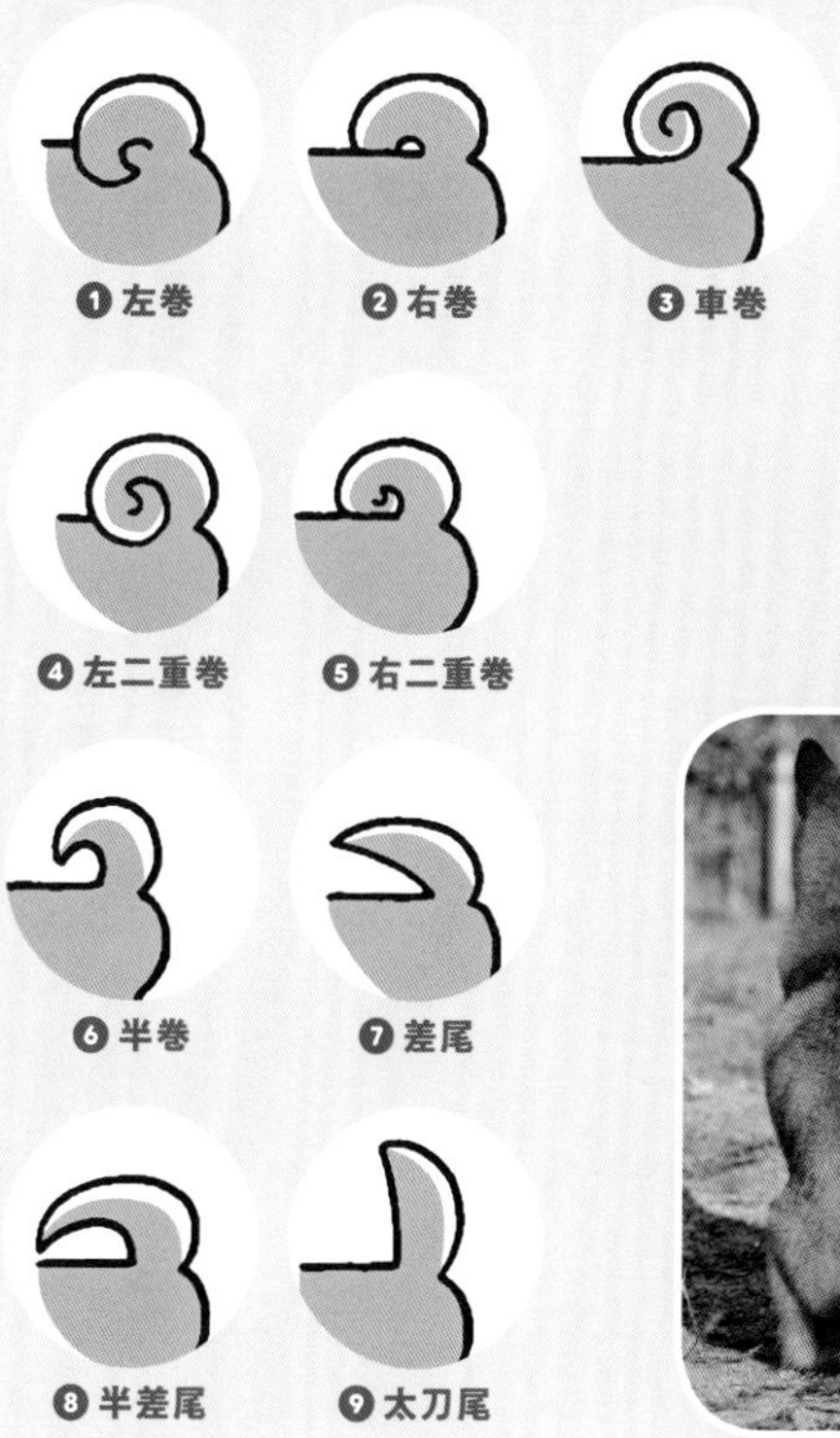
❶左巻
❷右巻
❸車巻
❹左二重巻
❺右二重巻
❻半巻
❼差尾
❽半差尾
❾太刀尾

【柴距離《しばきょり》】

柴犬がほかの犬や飼い主さんと微妙に距離をとる様子を指す俗称。独立心が強い柴犬ならではの特徴で、柴犬好きのハートをくすぐる。

【ダンシーバ《だんしーば》 ジョシーバ《じょしーば》】

ダンシーバはオスの柴、ジョシーバはメスの柴を指すネット用語。用例は「立派なダンシーバになりたい」など。

【拒否柴《きょひしば》】

柴犬が散歩中に歩くのを嫌がって動かないなど、何かを拒否する様子を表す俗称。ガンコな柴犬の性格がよく表れた言葉で、多くの柴飼いはそのような様子もかわいいと感じる。リードを引っ張っても動かない様子はフィギュアなどの雑貨にもなっている。別名「不動柴（ふどうしば）」。

↓P.88 イヤイヤ柴犬さん大集合

【柴ドリル《しばどりる》】

柴犬が黒い鼻を頂点に顔をブルブル振る様子を指す俗称。穴を開ける器具のドリルのように見えることが由来。犬は体についた水を拭き飛ばすときなどに体を振るが、ストレスを表すカーミングシグナルの場合もあるので要注意。

↓P.129 カーミングシグナル

【地柴《じしば》】

日本の特定の地域に残る、一定の特徴をもつ柴犬のこと。日本犬のなかで柴犬は唯一、地域名がついていないが、それは柴犬は分布エリアが広く、各地に地柴が存在したためといわれる。

【信州柴犬《しんしゅうしばいぬ》】

川上犬

標高の高い信州を原産とする地柴。現在の柴犬の基本体型は信州柴がベースといわれる。信州柴のなかにも「川上犬（かわかみいぬ）」「木曽犬（きそいぬ）」などさらに細分化された地柴が存在する。川上村原産の川上犬は長野県の天然記念物。

【山陰柴犬《さんいんしばいぬ》】

山陰地方を原産とする地柴。アナグマ猟で活躍した因幡犬（いなばけん）がルーツ。小さめの頭部と引き締まった筋肉質の体をもち、差尾や淡赤（うすあか）の毛色の出現率が高い。口数が少なく忍耐強い山陰地方の人々と共存してきた山陰柴犬は、物静かで落ち着いた雰囲気をもつ。

【美濃柴犬《みのしばいぬ》】

美濃地方を原産とする地柴。「緋赤（ひあか）」と呼ばれる濃い赤毛が特徴。胸や足に一部白毛が入るものの、ほとんどが赤毛の毛色は「赤一枚（あかいちまい）」と呼ばれる。巻尾の出現率が高い。

【羽衣之柴《はごろものしば》】

徳川綱吉の時代に珍重されたという、長毛で全身真っ白な柴犬。なかば伝説の存在。天女の羽衣のように美しい容姿から、神の使いとして崇められたという。本来は短毛の柴犬のなかにも稀に長毛が生まれることはある。1990年代にアメリカへ渡った柴犬から長毛の白柴が生まれ、「Angel Wing Shiba」と呼ばれたという噂もある。

長毛白柴のムクちゃん。右の写真は子犬のころ。現在の羽衣之柴!?

【縄文柴犬《じょうもんしばいぬ》】

縄文時代の犬と形態的に似ている柴犬のこと。縄文時代の遺跡出土の骨格や考古学上の資料から、面長な顔、浅い額段、広く平らな額、太い口吻、俊敏な行動などを特徴とする。現在、縄文柴犬研究センターによって保存活動が行われている。

【中号《なかごう》】

戦時中、絶滅の恐れもあった時代に生まれた優秀なオスの柴犬で、現在の柴犬の多くは中号の血統だといわれる。中号は日本犬保存会開催の大会で総理大臣賞、海外でも数々の賞を受賞。中号からたくさんの名犬が誕生し、全国に中号の子孫が広まったという。

「柴」の名前の由来

日本昔話の常套句「おじいさんは山へ柴刈りに……」の「柴」が由来であるという説が有力です。柴とは背の低い雑木のこと。柴犬が小型犬であること、赤柴の毛色が枯れた柴の葉色に似ていることから喩えられたとか。ほかに、信州にあった柴村から来ているという説、木の枝で作った柴の垣根（柴藪）を巧みにくぐり抜けて猟を助けた犬を「柴くぐり」と呼んでいたことが由来という説もあります。

⑤

いがいと多い…

問題行動

ガンコ柴の困ったアレコレ

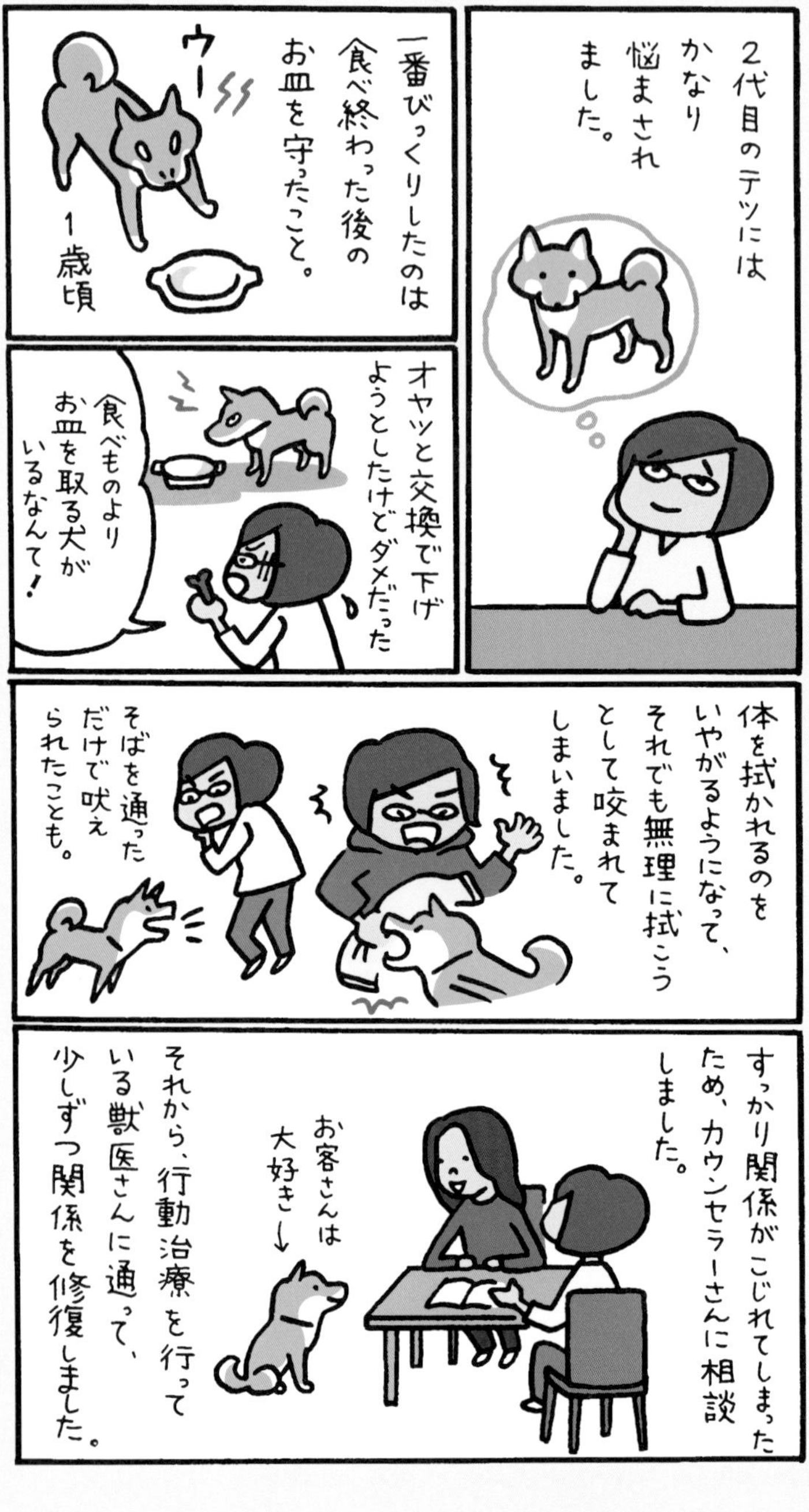
2代目のテツにはかなり悩まされました。
一番びっくりしたのは食べ終わった後のお皿を守ったこと。
ウー
1歳頃
オヤツと交換で下げようとしたけどダメだった
食べものよりお皿を取る犬がいるなんて！
体を拭かれるのをいやがるようになって、それでも無理に拭こうとして咬まれてしまいました。
そばを通っただけで吠えられたことも。
すっかり関係がこじれてしまったため、カウンセラーさんに相談しました。
お客さんは大好き↓
それから、行動治療を行っている獣医さんに通って、少しずつ関係を修復しました。

5〜6歳位から穏やかな性格になってきたかな…。
目が丸くなった!
お皿を守ることもなくなりました!
ホッ
食べ終わったら自分から離れていく
相変わらず足拭きはいやがるので、散歩の後はタオルの上を歩いてもらいます。
無理にはやるまい
外のウッドデッキ
柴犬ってがんこだし手がかかるコも多いですよね。家族だけで悩まずに早目に専門家を頼ってもいいと思います。地道にコツコツと関係を築けたらきっといいことがある!
テツとこんな風に寄りそえる日が来るなんて…
本当によかった

問題行動には必ず理由がある

まずは冷静に観察して行動理由を探ってみよう

犬は理由なしに行動を起こすことはありません。よく「無駄吠え」といいますが、無意味に吠えることはありません。必ず犬にとって重要な理由があります。

問題行動の改善には、その理由を突き止めることが必要です。難しそうですがご心配なく。たった2つのうちのどちらかと決まっています。❶「いいこと」を得ようとしているか、❷「嫌なこと」をなくそうとしているか、です。P.54で述べた、犬の学習パターン4つのうちの2つです。これがわかれば解決法もおのずとわかります。

例えば同じ「吠える」という行動ですが、フードが欲しくて吠えるのは❶のパターン。これは「いいこと」(フード)をなくすことで解決できます。ドアの外から聞こえる足音に吠えるのは❷のパターン。足音(嫌なこと)をなくそうとして吠えるのです。実際は犬とは関係なく通り過ぎていく足音でも、犬は「吠えたらいなくなった」と思い込みます。この場合はそういった学習をさせないよう足音が聞こえない部屋に移したり(体験させない)、足音に慣らして警戒心をなくすこと(社会化)などが有効です。

行動理由を知るためには、犬をよく観察すること。その行動をいつ(When)、どこで(Where)、何を(What)、どのように(How)起こしているかを観察すれば、おのずと理由(Why)が見えてきます。

テーブルの上に乗ろうとするのは、テーブルの上に食べ物があって食べられたという「いいこと」があったから。「いいこと」を一度も起こさなければ、乗る癖はつきません。

問題行動の理由は2PATTERN

吠えれば
いいコト
おきる！

1 「いいこと」を得ようとして 問題行動を起こす

対処

その「いいこと」を なくす

↓

解決

その行動をしなくなる

例 フードが欲しくて吠える、かまってほしくて吠える

ワンッ
ワンッ
ワンッ

↓

対処

吠えても フードはあげない、かまってあげない ＋ 好ましい行動で 欲求が満たされる ことを教える

↓

解決

吠えなくなる

吠えたら
イヤなこと
なくなる！

2 「嫌なこと」をなくそうとして 問題行動を起こす

対処

その「嫌なこと」を なくす、慣らす（社会化）

↓

解決

その行動をしなくなる

例 マンション廊下を人が通ると吠える

カツ
カツ
ワン ワン
ワン

↓

対処

足音が聞こえない 部屋に移す、他人や足音に慣らす

↓

解決

吠えなくなる

同じ「吠える」でも
対処の仕方が
違うのね

問題1

要求吠え

吠えても「いいこと」は決して起こさないこと

「いいこと」を得ようとして吠えるのが「要求吠え」。フードやおもちゃが欲しくて吠える犬が多いですが、犬の要求通りにフードやおもちゃを与えると「吠えればもらえる」と学習してしまいます。犬が吠えたら決して与えず、視線をそらして無視を徹底してください。犬があきらめて静かになったら与えましょう。

フードを用意している間、興奮して吠えているという状態も吠え癖を強化してしまいます。「吠えた結果もらえた」と犬は思い込むからです。そうならないためには、犬が気づかないように食事を用意して、吠える前に与えます。

クレートの中で「出して！」「来て！」と鳴く犬に対しても同じ。吠えている間は声をかけず無視し、静かにしているときに声をかけたり、クレートから出してあげてください。「こら！」「静かに！」などと声をかけることも犬にとっては「かまったもらえた」ことになってしまうのでNGです。

おやつに夢中で吠えるヒマなし！

人間の子どもに静かにしてほしいときには、あらかじめ絵本やおもちゃを用意して与えるもの。それと同じように、あらかじめ「長く楽しめるおやつ」を用意しておき、吠えて騒ぐという体験をさせないのもよい方法です。

問題2

警戒吠え／追っ払い吠え

「吠えたら追い払えた」という経験をなるべくさせない

警戒する相手に吠えるのは犬の本能であり、番犬としての歴史をもつ柴犬には多い行動といわれています。しかし、ドアや窓の外を通り過ぎる人など、日常的な生活音に反応して頻繁に吠えるのは困ったもの。近所迷惑も心配です。しかもこの行動は単に通り過ぎていった人を「吠えたら追い払えた」と勘違いするので定着しがち。

追っ払い吠えを改善するには間違った学習（吠えたら追い払えた）をなるべくさせないように工夫することと、吠える対象に慣らすこと（社会化）が有効です。

STEP 1 まずは「吠える」のをストップする

犬の居場所を変えるなど吠える対象が見えない、聞こえないようにするのが一番ですが、それができない環境の場合、学習を強化させないよう、とりあえずその場から引き離すなどして吠えるのをストップ。フードに反応するなら、ドライフードをばらまいてストップさせても。

STEP 2 足音に慣らす

吠える対象の音への警戒心を減らすため、その音を録音して聞かせます。おやつを与え、いいことを経験させながら聞かせましょう。

→P.080 音におびえない犬にしよう

問題3

チャイムが鳴ると吠える

チャイム＝フードのサインとして覚えさせる

「追っ払い吠え」と似た問題行動で、玄関チャイム＝来客のサインと理解して吠え癖がついたものです。チャイムがきっかけで飼い主と一緒に玄関に向かった犬が宅配便の人などに遭遇し、吠える。そのうちに人が帰るのでそれを追い払えたと勘違いする、というようにして吠え癖がつきます。

対処法としては、録音したチャイム音を聞かせて慣らすのと並行して、チャイム＝来客のサインではなく、チャイム＝フードのサインとして覚えさせる方法があります。家族や知人にチャイムを鳴らしてもらい、そのたびに犬にフードをあげるのです。フードはクレートの中に投げ入れて、クレート内で食べさせます。数日続ければ、犬はチャイムが鳴るとクレートの中に自ら入るようになります。その後はクレート・トレーニング（P.68）と同様に、クレートの扉を閉め、布で覆って隙間からフードをつぎ足し、クレート内でおとなしく待っていられるように教えましょう。

すぐに帰る訪問者ではなく室内に招く客の場合は、客人からフードをあげてもらって慣らします（P.83）。

対処

クレート内でフードを与える

ガムなど長く楽しめるおやつを与えるのも◎。玄関の話し声で犬が落ち着かない場合は、音楽やラジオをかけて聞こえないようにします。

→P.068 クレート・トレーニング

問題4

食《しょく》糞《ふん》

習慣化を防ぐには体験の機会をなくすこと

食糞は子犬に多く見られ、その原因はミネラル不足、未消化フードの摂取、欲求不満などといわれています。多くは成長に伴い自然に治ることが多いのですが、なかには食糞が習慣化してしまい、成犬になってもくり返すケースがあります。

習慣化を防ぐには食糞の機会を与えないのが一番。本書で紹介しているトイレ・トレーニング法では、犬をクレートから出している間は飼い主さんがそばについていることになります。排便後にウンチをすぐに始末できれば食糞はできません。体験できなければ習慣化は進みません。

食糞の原因には胃炎など治療が必要なケースもあるので動物病院での受診も必要。ミネラルが多いフードに替えたり、食糞防止のサプリメントを与えることで治ることもあります。こうしたことも並行して行いながら改善を目指しましょう。

サークル飼い（サークル内にトイレと寝床がある）で飼い主が留守がちだと、食糞の機会が増えてしまいます。

→P.062 トイレ・トレーニング

びっくり! びっくり！ 犬の食糞問題に新説!?

犬が食糞する理由としてカリフォルニア大学の専門家が新説を唱えました。それは「寄生虫対策」。野生の犬やオオカミは普通、巣穴から離れたところで排便しますが、具合の悪い犬は巣穴から近い場所で排便を済ませてしまうことがあります。放置すると便に含まれた寄生虫が蔓延し群れ全体が感染にさらされるため、それを防ぐためにウンチを食べて片づけるというもの。現代の犬にもこの習性が残っていて目についたウンチは食べてしまうとか。食糞はキレイ好きな証拠なのかも！?

問題5

人に飛びつく

飛びつかれても喜ばず無視してやめさせる

人間に前足をかけて顔を見つめたり、口元をなめてきたり。一見かわいらしいしぐさですが、じつはあまり好ましい行動ではありません。家族以外の人に飛びついて服を汚してしまったり、転ばせるなどの事故につながるからです。犬嫌いな人にとっては、飛びつかれること自体が恐怖でしょう。また、犬にとっても後ろ足に負担をかけることになり、膝蓋骨脱臼などの病気を起こしやすくなってしまいます。

この癖をなくすには、犬に飛びつかれても「いいこと」を起こさないこと。飛びつかれたら目を合わせずに無視します。声もかけてはだめ。家族や知人と一緒に、左ページのトレーニングを行いましょう。

散歩中に他人に飛びつきそうになったら、犬を抱き上げたりリードを踏むなどして飛びつかせないようにします。やってほしくない行動は体験させないのが一番です。

↓P.204 膝蓋骨脱臼

人に飛びつく癖は
事故につながることも
あるのね

トレーニング 8

飛びつき予防

「人に飛びついてもいいことは起こらない」「座るといいことが起きる」と覚えさせるためのトレーニングです。2人がかりで行います。

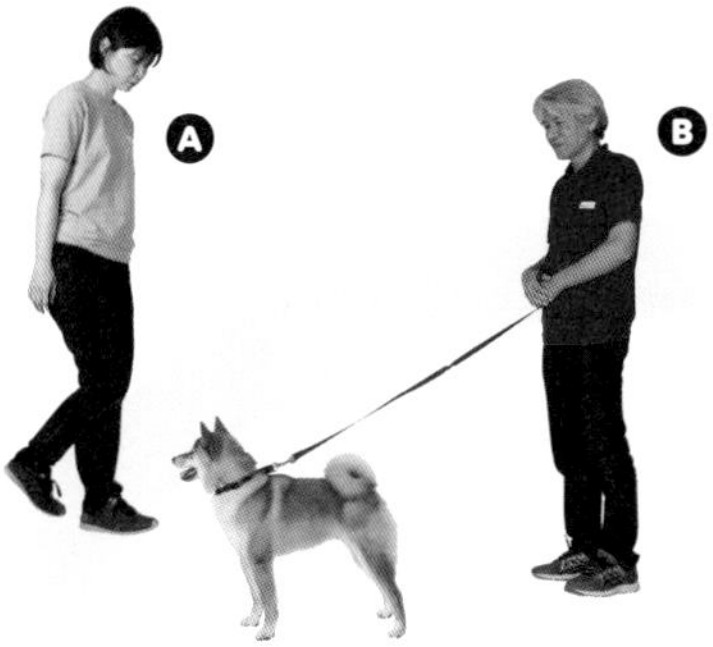

1 Aさんが犬に近づく

Bさんが犬のリードを長めに持ちます。その状態でAさんが犬に近づきます。

POINT

「オスワリ」の指示は出さない

「オスワリ」の指示を出すと、「指示されたから座る」「指示がないときは飛びつく」となる恐れがあります。指示がなくても座るように教えます。

2 犬が飛びつきそうになったらAさんは背を向けて遠ざかる

飛びつき癖のある犬は、Aさんに飛びつこうとするはず。そうしたら、Aさんは背を向けて遠ざかります。これを犬が飛びつきを止めるまでくり返します。

3 飛びつくのをやめてオスワリをしたら褒める

あきらめた犬がその場で座ったら、Aさんがフードをあげて褒めます。

問題6

拾い食い

中毒や胃腸閉塞の恐れもある 拾い食いを予防しよう

犬は道端に落ちている食べ物を拾い食いしたり、石や布、ボールなど食べ物でないものも口にしてしまうことがあります。すると下痢や中毒を起こしたり、まるごと飲み込んでしまった異物が胃腸に詰まり開腹手術をしなければならないことも……。「口にくわえてもすぐに取り上げれば問題ないのでは」と思うかもしれませんが、くわえたモノを無理に取り上げようとすると犬は取られまいとして飲み込んでしまったり、手に咬みついてくることもあって危険。ですから拾い食いの癖は直す必要があるのです。

それにはトレーニングが必要。「拾い食いするより飼い主さんからフードをもらったほうがいい」と教えるトレーニングです。時間と根気が必要ですが、愛犬の安全のためにもトライする価値があります。

いつも同じモノを口にするときは

いつも小石を口にしたがるなど、特定のモノに執着する犬もいます。その場合のトレーニング方法も基本は左ページと同じですが、加えて「そのモノにあらかじめ嫌な味をつけておき、わざと口にさせる」という方法も使えます。執着するモノにしつけ用スプレーで味をつけ、拾い食いすると苦い（嫌なことが起きる）➔飼い主を見上げるとフードがもらえる（いいことが起きる）という体験をさせる方法です。

トレーニング 9

拾い食い予防

誤飲事故を防ぐためにも、拾い食いの癖をつけないように教えましょう。
まずは室内で行います。

STEP 1

1 犬の鼻先が床につかない長さでリードを持つ

セーフティーグリップでリードを持ち、左手を自分のみぞおち辺りにつけます。こうすると犬は鼻先を床につけることができません。

➔P.099 リードの持ち方

2 フードを1粒床に落とす

持っているフードのうち1粒を犬の足元に落とします。犬は拾い食いしようとしても拾えません。

3 犬がアイコンタクトをとってきたら褒める

あきらめた犬は、飼い主を見上げてきます。そうしたらフードをあげて褒めます。なかなか見上げないときは、口笛や舌打ちなどで注意を引きます。「落ちているフードは食べられない」「飼い主を見上げるとフードがもらえる（こちらのほうが簡単）」と覚えさせます。

STEP 2

フードをばらまいた床の上を歩く

STEP1のトレーニングをクリアできたら、フードをばらまいた床の上を「ヒール」で歩きます。犬がアイコンタクトをとるたびにフードをあげます。はじめは数歩できればOK。じょじょに歩数を増やしていきます。

➔P.144 ヒール

問題7

フード皿を守る

皿＝ごはんの象徴？ 空っぽの皿を守る柴多し

第二次性徴期を迎えるころになると、モノへの独占欲が強くなります。すると食べ終わったあとのフード皿を取られまいとする柴が現れます。皿を下げようとすると唸って威嚇したり、伸ばした手に咬みついてくることもあります。

対処法としてはまず「人の手はフードを奪うものではない」と教えること。そのためには皿にフードは入れず、置いた皿に1粒ずつ手でフードを入れて食べさせる方法が有効です。最後は手からフードを食べさせている間に皿を下げて終了。おもちゃとフードを交換する「チョウダイ」（P.113）と同じです。

また、本書では「オアズケ」を教えることを推奨していませんが（P.142）、理由のひとつは「オアズケ」を教えていると皿を守りがちになるため。待たせればそれだけ執着するようになるのです。

対処

フードを1粒ずつ皿に入れる

手＝ごはんをくれるいいモノ、と覚えさせるために、手でフードを皿に入れていきます。手を皿に近づけすぎず、上から皿に落としたり、少し離れた場所から投げ入れたり。皿以外の場所にフードが落ちても拾ってはいけません。「フードを奪う」ように見えるからです。

フードは皿で与えなくてもいい

「フードは皿で与えるもの」という概念を捨てましょう。本書でおすすめしている「ご褒美としてフードを手から与える」方法なら、そもそも皿が必要なく、「皿が下げられない」という悩みも生まれません。

問題8

しっぽを追いかける

強迫神経症による異常行動の恐れあり

　健康な犬でも自分のしっぽを追いかけることはあり、とくに子犬にはよく見られます。しかし成犬になってもしょっちゅうしっぽを追いかけたり、唸りながら回り続ける、しっぽの毛をむしる、出血するほど噛むなどというケースは強迫神経症と考えられます。

　強迫神経症とは人間でいえば過剰なほど手を洗わなくては落ち着かないなどの状態。動物病院や動物行動診療科で治療しましょう。散歩や遊びの時間を増やしてストレスを発散させたり、毎日決まった時間に食事や遊びを行い生活習慣を整えるなども有効。適切なしつけで犬との信頼関係を作ることも必要です。

　柴犬は病的なしっぽ追い行動が多く見られる犬種といわれており、なかには自分のしっぽを噛みちぎる犬もいます。長引くほど治療が難しくなるので早急に受診を。抗不安薬の投与などで改善します。

てんかん体質の可能性も

東京大学の研究によると、問題行動のある犬62頭（うち柴犬29頭）のうち、51頭にてんかん体質が見られたそう。うち39頭は抗てんかん薬の投与により改善が見られたとのこと。てんかんにより幻覚が見えたり、体の一部がムズムズするためしっぽ追い行動をすると考えられます。

問題9

留守番ができない

必ず帰って来るとわかれば落ち着いて待っていられる

飼い主がいない間吠え続けたり、家の中をめちゃくちゃにする犬は少なくありません。「飼い主は必ず帰って来る」「静かにしているといいことがある」ことを教えましょう。散歩の時間を長くし、たくさん遊んで疲れさせるのも有効です。留守中は眠っていられます。

ただし、飼い主の姿が見えなくなるとパニックを起こす「分離不安」という精神疾患の場合は、トレーニングだけでは解決しません。動物行動診療科を受診し、投薬などの治療を行いましょう。

「マテ」の応用

1

「マテ」のトレーニングをマスターする

→P.142 マテ

2

「マテ」のあとでドアや家具で姿を隠す

「マテ」をしながらドアやソファなどの影に一瞬隠れ、すぐに戻ってフードをあげます。「姿が見えなくなっても飼い主は必ず戻って褒めてくれる」と覚えさせます。このとき犬は飼い主さんのところに来られないよう柱などにリードを結んでおきます。

3

姿を見せない時間をじょじょに延ばす

隠れる時間を5秒、10秒とじょじょに延ばしていきます。犬がちゃんと「マテ」をしているか、顔を出さなくても鏡などで確認できると◎。5分「マテ」を続けられることを目標にトライしましょう。

退屈を紛らわすために、長く楽しめるガムなどのおやつやひとり遊びできるおもちゃを与えるのもいい。

➔P.113 ひとり遊び用おもちゃ

効果アリ!

外出の気配を感じさせないのも有効

　バッグを持つ、身支度をするなどの行動を「外出のサイン」と覚えて騒ぐ犬もいます。その場合は犬の見えないところで準備をしてこっそり出かけましょう。逆に、外出のサインを日常的に取り入れ、バッグを持ったけれど出かけない、トイレに行くだけ、など外出との関連性を薄めるのも有効です。ドアの開閉音を録音して日常的に聞かせるのも◎。

「クレート・トレーニング」の応用

1

「クレート・トレーニング」をマスターする

➔P.068 クレート・トレーニング

2

クレート内で数時間おとなしくいられるようにする

数時間（排泄を我慢できる時間）はクレート内でおとなしくできることを確認します。

3

そっと外出してみる

気づかれないようにそっと外出します。ドアの音に気づかないよう、テレビやラジオをつけっぱなしにしておくのも◎。犬の次の排泄時間までには帰宅します。録音したドアの音を聞かせて慣らすのも有効です。

➔P. 080 音におびえない犬にしよう

大変なときは行動治療の専門家やトレーナーに相談しよう

分離不安や病的なしっぽ追い行動などは、専門医による診断や治療が必要です。例えば分離不安は人間の鬱病と同じように、セロトニンという脳内物質の伝達の悪化が大きな原因といわれています。投薬でセロトニンの伝達をよくすることで改善に向かいます。前ページのようなトレーニングも必要ですが、トレーニングだけで改善を目指すより、投薬と合わせて行ったほうが効果的なのです。

気になる行動が見られたら、早いうちに専門家に相談してみましょう。下記のサイトで紹介されている獣医行動診療科認定医を訪ねてもよいですし、P.87で紹介したJAHA認定家庭犬しつけインストラクターに相談してもよいでしょう。こうした専門の獣医師とインストラクターにはつながりがあり、必要があればインストラクターから獣医師を紹介してもらえますし、逆もしかりです。

また、なかにはインストラクターによるトレーニングのみで改善する問題もあります。ひとりで悶々と悩んでいるより専門家に相談したほうが気持ちの整理もできます。相談した結果、自分では思いつかなかった簡単な方法で解決することもあります。

問題行動の治療にはこうした方法がありますが、問題が起きてから治療するより問題が起こらないように予防するのが一番。早いうちから適切な社会化としつけを行い問題の予防に努めましょう。

日本獣医動物行動研究会　獣医行動診療科認定医
http://vbm.jp/syokai/

日頃から
細かく記録を
とっておくと伝えやすい
〇月×日
〇月〇日
私も専門家に
相談しながら
行動治療に励みました

柴犬あるある

柴犬飼い主さんならナットクの「あるある」バナシ。
これから飼う人もぜひ参考に!

抜け毛がハンパない。

とくに春の換毛期は、抜け毛でもう1頭できるんじゃないかというイキオイ。こんなに抜けるならと、頭の上に盛ってみたり、抜け毛でぬいぐるみを作ってみたりと抜け毛アートを楽しむ飼い主さんも。どうせなら面白がっちゃいましょう!

ヒツジ犬です

山陰柴犬のコウちゃんは、顔だけが先に換毛してまるでヒツジのような姿に! 換毛のしかたもそれぞれなんですね。

おもちゃは瞬殺。

小型犬とはいえ、猟犬だった柴犬の破壊力は並ではありません。与えたおもちゃがあっという間に破壊されることもしばしば。そればかりか、丈夫なコングを噛み砕いたり、ソファが破られて中の綿が飛び出していたなんてことも……！　飼い主は真っ青ですが、こんな満足そうな顔されたら力が抜けそう！?

急に飽きる。

さっきまで夢中になっていたおもちゃにも急に興味を失うのが柴犬。飼い主につき合ってしかたなく遊ぶ、なんてことはしないのです。一部で「柴犬は猫のよう」といわれるゆえんです。

ドッグランでぽつーん。

＼ ぽつーん ／

独立独歩の柴犬は、ドッグランでもマイペース。ほかの犬たちが数頭で遊んでいる横をひとりで楽しそうに駆け回り、満足したらさっさと「帰る」なんてことも。「ひとりぼっちでかわいそう！」と思っているのは飼い主さんだけなんです。

飼い主のジレンマ

こまちゃん、だいぶ冬毛が抜けたね
はい、やっとスッキリ！
かわい〜
コチョコチョ
ただ、すっかり細くなって…
おしりも小さくなってしまって！
！
うっ
複雑な心境なのね

スッキリしすぎると淋しいって言われてもね〜。

Asahi
生
500ml

おやじ系コスプレが似あいすぎ。

柴犬と日本人男性は似通った雰囲気をもちますよね。メスの柴犬でも、残念ながらフリフリのスカートよりネクタイが似あってしまいがち。

服を着せるとテンションダダ下がり。

服はイヤイヤ着ていることが多いようで、見るからにテンションが下がっていることがわかります。それを知ったうえで「おとなしくさせたいときにわざと着せる」という飼い主さんも……？

雨の日は退屈そう。

雨の日は散歩に出られないことがわかっているのか、しかたないという顔でふて寝していることがあります。一方、「雨でも必ず散歩に行く」と決めている柴も多いようで、雨の中濡れそぼって黙々と歩く柴と飼い主さんも見かけます。

雪の日はめっちゃ楽しそう。

「犬は喜び庭駆け回り……」の歌詞通りの喜びよう。積もった雪を掘ったり、口に入れてみたりと大はしゃぎ。でも年配の柴は「わしゃウチがいい」という感じになりますね。

塀の間から顔出してる。

庭で飼われている犬は柴が多いのか？塀の隙間から顔を出しているのは、決まって柴な気がします。通りすがりに発見するとギョッとしつつ、なんとも味わい深い気持ちになります。

情報交換

おはようございまーす
出たんだ
こんなときは思いきって聞いてみよう
ねぇ…
ウンチどこで出た？
あ、今日はスーパーの花だんの前で
ありがとう！
がんばって
ダッ

残り香でもよおすことあるよね！

● 飼い主編 ●

「しばけん」と聞くと「しばいぬです」と訂正したくなる。

あら
かわいいしばけんね～
どーも
しばいぬなんです

正式には「しばいぬ」。でも「いやいや、しばけんじゃなくてしばいぬなんですよ」なんて訂正すると細かい人と思われちゃうから我慢してスルーします。

ついブサ顔にしてしまう。

かわいいあまりに顔をむぎゅ。ブサイク顔もかわいい我が子。ちょっと困った様子もかわいくて、つい何度もやってしまいます。

洋犬の飼い主に敬遠されがち。

誰にでもフレンドリーな洋犬しか知らない人にとっては、柴犬はちょっと怖い存在なのかも。通りすがりに出会うと「おっと柴犬だ」というふうに避けられることも。ちょっと寂しい気もするけれど、確かに柴犬ってめんどくさいところあるものね〜と思いを巡らす飼い主さんなのでした。

手がかかるコほどかわいいと思う。

ガンコで警戒心が強い柴犬は決して飼いやすい犬種とはいえず、飼い主さんが苦労することもしばしば。それでも柴犬が好きなのは、もう理屈ではないのかも！？　苦労の末イイコになった我が子はより愛おしく、「やっぱり柴が好き」な人が増殖中なのです。

⑥

めざせご長寿

健康管理

動物病院とは一生のおつき合い

動物病院へ行く日は気が重い。たとえそれが爪切りだけの日でもけっこう体力と神経を使うのだった。
テツの緊張が高まる前に、待ち合い室にいるうちにエリザベスカラーをつけないといけない。サッとやれるか心配。
かっこいいー
似合うよ!
ちょっと触られただけでもこまが大げさに鳴く。
ギャワン
聴診器をあてただけ
待ち合い室で笑われる。
クスクス
おさわがせしました…
ハウスー
行き先が動物病院であってもドライブ自体は好きなので、テツはサッとクレートに入る。こまは渋々…。

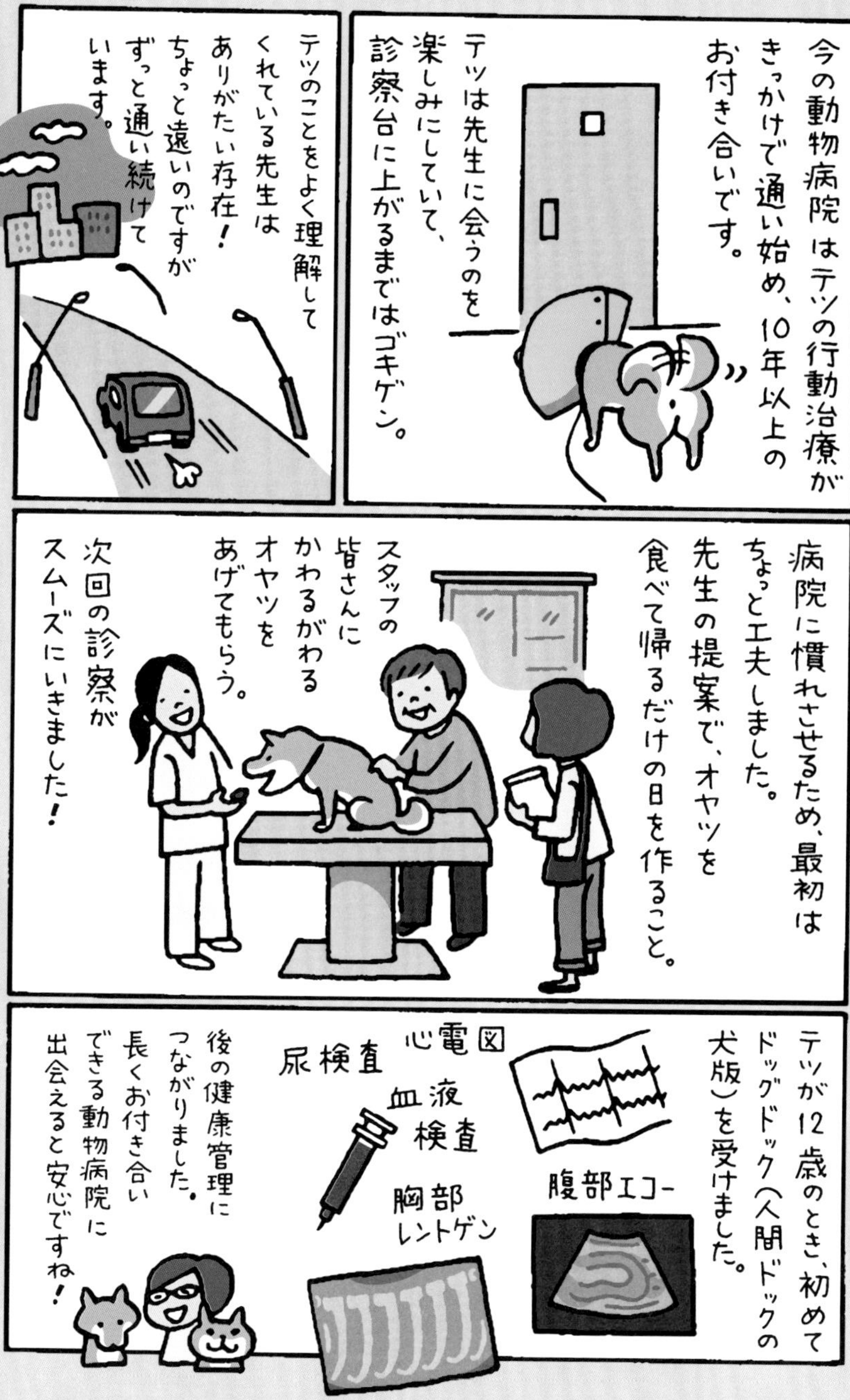
今の動物病院はテツの行動治療がきっかけで通い始め、10年以上のお付き合いです。
テツは先生に会うのを楽しみにしていて、診察台に上がるまではゴキゲン。
テツのことをよく理解してくれている先生はありがたい存在！
ちょっと遠いのですがずっと通い続けています。
病院に慣れさせるため、最初はちょっと工夫しました。
先生の提案で、オヤツを食べて帰るだけの日を作ること。
スタッフの皆さんにかわるがわるオヤツをあげてもらう。
次回の診察がスムーズにいきました！
テツが12歳のとき、初めてドッグドック（人間ドックの犬版）を受けました。
心電図
尿検査
血液検査
腹部エコー
胸部レントゲン
後の健康管理につながりました。
長くお付き合いできる動物病院に出会えると安心ですね！

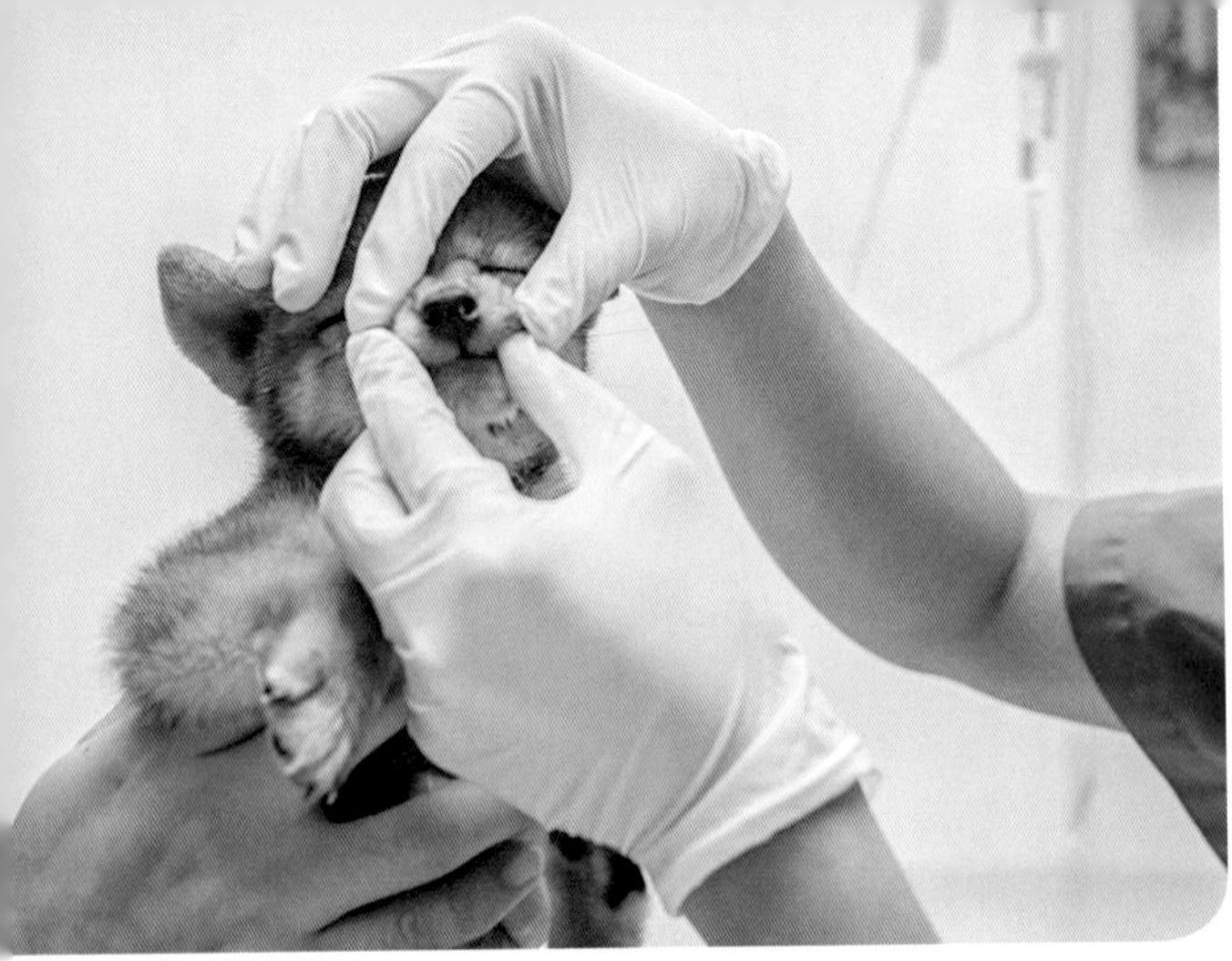

かかりつけは柴犬を迎える前に見つけておこう

「ちょっとしたことでも相談できる」のが大事

柴犬を迎えることが決まったら、事前に動物病院の目星をつけておきましょう。家に迎えた直後の犬は体調を崩しやすいからです。「ニューオーナーシンドローム」といって、環境の変化に対するストレスによるもので、食欲不振や下痢、嘔吐、脱水などが起こります。病院での治療が必要になることを想定して、あらかじめ探しておきましょう。

動物病院を選ぶポイントはさまざまありますが、すぐに連れて行けてちょっとしたことでも相談でき、説明のわかりやすいところをかかりつけにしましょう。さらに高度医療が受けられたり、深夜の急患でも診てくれたりするところであれば完璧ですが、すべての条件を満たす病院を見つけるのは難しいもの。いざというときのために、専門医や深夜対応の病院を紹介してくれるかかりつけなら安心です。

動物医療は自由診療なので、同じ治療でも病院によって費用が異なるのが特徴。安ければいいというわけではありませんが、通いやすい治療費の病院を見つけたいもの。ペット保険に入るのも手です。

ヘルスチェックPOINT

目

目ヤニや充血、涙は病気のサイン。足で引っかいて悪化させることもあるので異常があれば早く病院へ。

耳

耳の内側は薄いピンク色なのが正常。悪臭がしないかどうかもチェック。

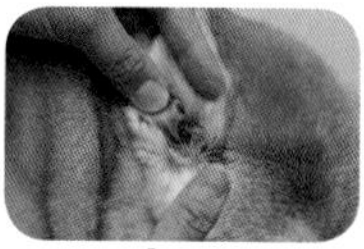

毛並み・皮膚

体調が悪いと毛並みが悪くパサついてきます。柴犬は皮膚トラブルが多いので、かゆがっていないかつねにチェックを。

おしり

おしりが臭かったり床にこすりつけているときは、下痢や肛門腺の分泌物が溜まっている恐れがあります。

口

歯周病や口内炎があると口臭やよだれの症状が見られます。歯磨きしながら歯や歯肉をチェック。

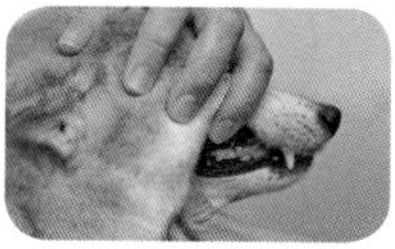

食欲

食欲が急に減るのはもちろん、急に増すのも病気の恐れが。とくに多飲多尿の症状もあるときはすぐに病院へ。

排泄物

ウンチやオシッコの量、回数、色などをチェック。気になる排泄物は病院に持参し検査してもらいましょう。

飲水

水をたくさん飲んでたくさんオシッコを出す「多飲多尿」は病気のサイン。尿検査や血液検査でチェック。

足

ふらつく、足を引きずるなどは病院へ。炎天下での散歩で肉球が火傷を負うことも。

体重

急な増減は病気のサイン。少なくとも月に1回は体重を量ってチェックしましょう。

体温

成犬の平熱は人よりやや高く38～39℃。肛門に体温計を入れて測ります。

季節によってやるべき健康管理がある

暑さは大敵！ 熱中症や寄生虫のリスクを防ごう

寒さには比較的強い柴犬ですが、毛量が多い分、夏場は苦手。暑い日はエアコンが必須です。とくにトイレ・トレーニング（P.62〜）などでクレート内で休ませているときは自分で快適な気温の場所に移動することができないため、夏でも冬でも快適な気温をキープしてあげるよう気をつけましょう。

暖かくなってくると同時に寄生虫も増えだします。駆虫薬の定期投与で防ぎましょう。ワクチンもそうですが、感染してから治療するより、あらかじめ予防するほうが何倍も大事です。

換毛期は春と秋の2回！

とくに春の換毛期は大量に毛が抜けるので、毎日ブラッシングしたいもの。冬毛が残ったままだと暑さに弱くなってしまいます。定期的にシャンプーも行えば、さらに抜け毛を取り除くことができます。ちなみに個体によって、体の部分ごとに換毛する犬と、全体的に少しずつ換毛する犬とがいるよう。

狂犬病ワクチン

換毛期

5月 | 4月 | 3月 | 2月 | 1月

要注意

夏場の熱中症は甘く見ちゃダメ

猛暑日にエアコンなしで部屋に置いておくと熱中症になり命に関わります。最近はGW前後に早くも夏日になり、熱中症にかかる犬が増えているよう。油断は禁物です。散歩は涼しい早朝や日没後に。保冷剤を入れられる犬用バンダナも暑さ対策になります。

春は狂犬病ワクチンの季節

毎年4月から6月は狂犬病予防注射月間。畜犬登録をした家庭には「狂犬病予防注射のお知らせ」が郵送されます。自治体開催の集合注射なら安価で接種可能。これ以外の時期に動物病院でも接種可能ですが、多少高額になります。そのほか、犬ジステンパーなどを予防する混合ワクチンも定期的に接種し、感染症から守りましょう。

換毛期

12月 | 11月 | 10月 | 9月 | 8月 | 7月 | 6月

ノミ・ダニ予防

フィラリア予防

※寄生虫の繁殖時期は地域によって多少異なります。

寄生虫はしっかり駆除！

どの寄生虫も暑い時期を中心に増えますが、最近は冬でも温かい室内で生き残っていることがあります。上記の季節は予防必須ですが、できれば通年で予防薬を投与すると安心。ノミやマダニは人にも害をもたらすので要注意です。フィラリアはすでに感染している犬に予防薬を投与するとショック症状を起こすことがあるので必ず事前検査を。

不妊・去勢手術はメリットだらけ！

長生きできて精神的にも安定する

手術にはいくつかのメリットがあります。医療的なメリットは、性ホルモン関連の病気の心配がなくなること。とくにメスは発情期を迎える前に手術をすれば、乳腺腫瘍のリスクが99・5％減らせることがわかっています。その結果平均寿命が延びることも知られています。

オシッコをあちこちにするマーキング（オス）、攻撃性が増す（オス）、発情期に気分が不安定になる（メス）などの問題も抑えられます。精神的に安定するので、人間やほかの犬と仲良くできる確率も高くなります。

また、しつけやトレーニングがうまく進むというメリットもあります。犬にとって繁殖は食べ物よりも優先順位が高いため、未手術で年頃の異性がそばにいれば、ご褒美のフードも目に入らなくなります。当然しつけはうまく進みません。

以上のことから、繁殖を望んでいないなら手術することが推奨されています。生後6か月前後、最初の発情が来る前に手術をするのがベスト。事前に血液検査などで健康状態を確かめておけば、安全性の高い手術です。

唯一のデメリットは、代謝が落ちるためいままでと同じ量のフードを与えていると太ってしまうこと。手術後専用のフードに替えるなどして防ぎましょう。

ドッグランで目を離したすきに交尾してしまい妊娠してしまったという事故も実際に起きています。繁殖を望まないなら早めに手術を。

不妊・去勢手術のメリットとデメリット

メリット

✓ 性特有の病気が予防できる

メスは乳腺腫瘍や子宮蓄膿症、子宮がん、オスは精巣腫瘍、前立腺肥大などが防げます。

✓ 精神的に安定する

発情期に元気や食欲がない、怒りっぽい、落ち着きがない、などがなくなります。

✓ マーキング行動がなくなる

未手術だと室内・室外かまわずあちこちにオシッコを引っかける恐れがあります。

✓ しつけ・トレーニングがうまく進む

未手術だと異性への関心が高まり、飼い主さんの指示は眼中に入らなくなります。

デメリット

✓ 太りやすくなる

代謝が落ちるためいままでと同じ量のフードを与えていると太ってしまいます。

フードの変更や
量の調整で
肥満は防げる！

発情すると…

食欲低下

元気や食欲がなくなります。散歩に行きたがらないことも。

出血

メスは年に約2回生理が。2週間ほど陰部から出血します。

抑制が効かなくなる

メスを求めて追いかけたり、家から脱走することも。

♀
♂

落ち着きがなくなる

陰部を気にして神経質になったり、オスにつきまとわれてケンカになることも。

フェロモン

メスが発情中に出す性フェロモンを感じ取るとオスは興奮し、落ち着きがなくなります。

ケンカが増える

オスどうしでメスを争い、激しいケンカをすることもあります。

ドッグフードは総合栄養食から選ぼう

総合栄養食だけ食べさせていればOK

昔と比べるとドッグフードの種類は格段に増えました。それだけに何を選んでいいかわからなくなっている飼い主さんが多いかもしれません。

大前提として、主食には「総合栄養食」のフードを選んでください。ドッグフードは主食に適した「総合栄養食」と、それ以外の「一般食」「副食」「おやつ」などがあります。これらはフードのパッケージに記載があります。総合栄養食以外のものはとくに与えなくてかまいません。

総合栄養食以外は人間でいえばケーキのようなもので、おいしいけれど栄養は偏っているものです。犬は好んで食べますが、トレーニングのときに使う犬用チーズなど、特別なときに少量を与えるのみにしましょう。

1日に必要な食事量を手から与えよう

年齢・体重・活動量などによって必要なフード量は変わってきます。与える量の目安はフードのパッケージに記載されていますが、定期的に体重を量り、かかりつけ医とも相談したうえでフード量を決めるとよいでしょう。おやつを与える場合は1日の必要カロリーの10%以内に収め、さらにその分のカロリーを主食から減らさないと、カロリーオーバーにな

ドッグフードの絞り込み方

「毛玉ケア」「毛ヅヤアップ」などの機能性につい目が行きがちですが、こうした効果はあくまでプラスアルファのもの。それより獣医師推薦など信頼できるメーカーであること、犬の年齢に合ったフードであることが大切です。

総合栄養食
↓
信頼できるメーカー
↓
年齢
↓
機能

ドライフード

- ✓ 腐りにくく、長期保存に適している
- ✓ 重量あたりのカロリーが高い
- ✓ 種類が豊富
- ✓ 歯垢がつきづらい

ウエットフード

- ✓ 水分を一緒に補給できる
- ✓ 重量あたりのカロリーが低い
- ✓ 開封後は1日で使い切る必要がある
- ✓ 総合栄養食は少ない
- ✓ トレーニングには向かない

るので注意してください。

P.57で述べた通り、本書ではしつけのご褒美としてドライフードを手から与える方法を推奨しています。愛情や信頼感が芽生えやすい方法ですし、フードの数だけしつけやトレーニングができます。1日の食事回数は最低でも3回、多ければ6回（約3時間おき）にし、そのたびにトレーニングを。「食事の時間＝トレーニングの時間」にしてください。「1日に6回も食事をさせていいの？」という心配は無用です。同じ量でもまとめて与えるより小分けに与えたほうが胃腸の負担も少なく、肥満防止にもなります。

少なくとも月に一度は体重を量り、増減のあるときは食事量の見直しを。

知ってる？ 犬に危険な食べ物

最近では手作り食を与える人も増えているようです。ですが、人間の食べ物のなかには犬が食べると中毒を起こすものが多くあるため、十分な知識がないまま手作りするのは危険。また、人の食事をおすそ分けしていると濃い味に慣れてドッグフードを食べなくなる恐れがあるので、おすそ分けもやめましょう。

- ✕ ネギ類（タマネギ、長ネギ、ニラ、ニンニクなど）
- ✕ チョコレート
- ✕ レバー
- ✕ 生卵
- ✕ ブドウ
- ✕ ホウレン草
- ✕ 生肉 など

ボディケア

体のお手入れもラクじゃない

フー…
毎日ブラッシングしてるのにまだ抜ける
キリがないわ
換毛期の柴犬はとにかく毛が抜ける。体のケアの中でも一大イベントです。
体のケアといえば…
テツのシャンプーは夫と2人がかりでした。
ザー
夫が洗う係で、
私はオヤツをあげ続ける。
よーしよーし
でもある日、シャンプーの途中で急に怒り始めました。
ウー
ウー
その後、すべてのお手入れをいやがるようになってしまったのです。
ブラッシング
タオルで拭く

カウンセラーの先生に相談すると…
テツ君が落ち着くまで、お手入れはやめましょう
ハイ
健康を害さないことを大前提に、体のお手入れをすべてやめることに。
体に草のタネがついていても取らない。
うず
うず
大丈夫、あれはいつか自然に取れるから
目やにがついていても…
せっかくのかわいい顔がもったいないけど…
がまん
がまん
体をきれいにするのはもちろん大切だけど
犬との関係が悪くなるくらいなら飼い主さんはお手入れしなくてOK！
気になるときは動物病院やペットサロンでやってもらうのがおすすめです
爪切りに行ってきまーす

体のお手入れに慣れないうちはプロを頼ってしまおう

「ケアを行う」ことより「ケアに慣らす」ことが優先

柴犬に必要なケアは複数ありますが、まずはそれぞれに慣らすこと（社会化）が必要です。慣れないうちに無理やりケアを行うのは厳禁。痛みや恐怖のイメージがついてお手入れを嫌がるようになり、なかには咬みつくなどの攻撃に出る子も……。普通になでることさえもできなくなる場合もあります。

とはいえ、爪切りなどどうしても必要なケアはあります。慣れないうちは動物病院やペットサロンなどプロに任せましょう。手慣れたプロが行えば、嫌なイメージもつきにくいものです。また飼い主さんが技術を習得することも必要。犬に痛みを与えず、かつ手早く済ませられる方法を身に着けましょう。

ちなみに高齢犬のケアはリスクが高いため、犬が高齢になってから初めてサロンを利用しようとしても、サロン側が受けつけてくれないことがあります。その点、昔から利用しているサロンなら店側が犬の癖や性格を把握できているため、高齢になっても受けつけてくれやすいもの。近所に頼りになるサロンを見つけておきましょう。

✓check!

肛門腺絞りはプロに任せよう

肛門腺の分泌物を絞り出す「肛門腺絞り」は動物病院やサロンに任せたほうが無難。デリケートな場所なので触られるのを嫌がる犬が多く、手慣れていないと痛みを与えてしまいます。

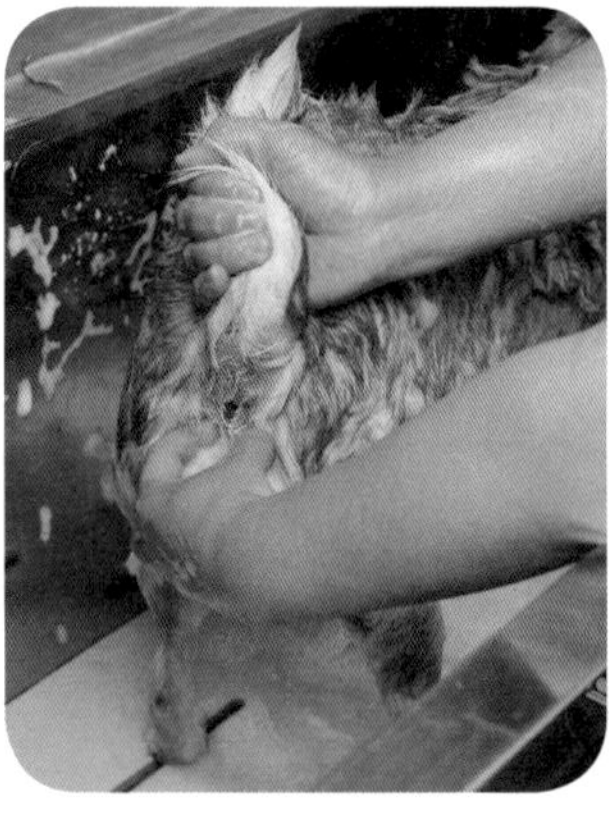

ブラッシングへの慣らし方

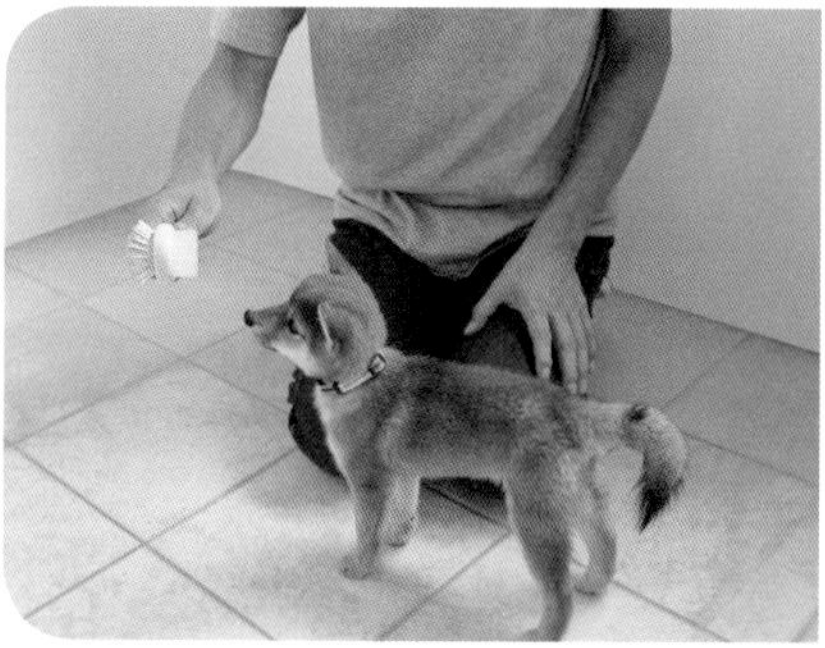

1 ブラシを見せては フードを与える

まずはブラシという物体に慣らします。ブラシを持ち、犬に見せてはフードを与えることをくり返します。

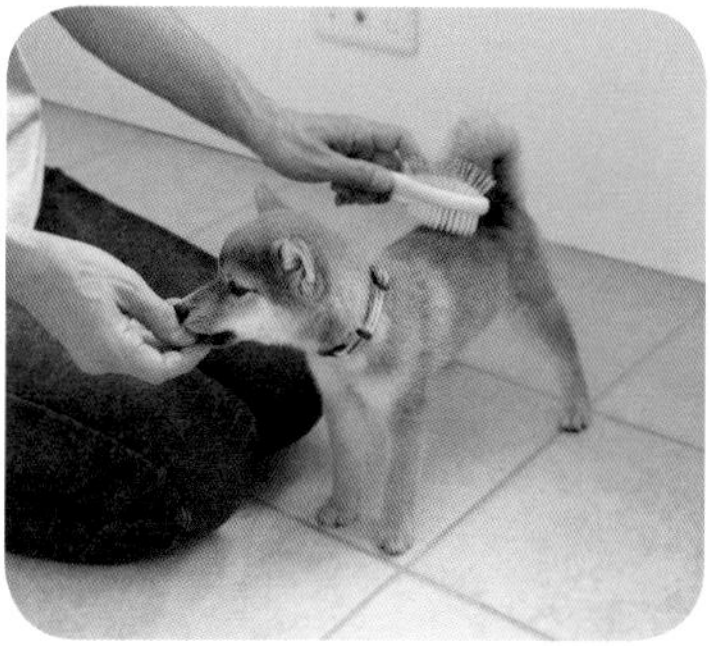

2 フードを与えながら ブラシを犬の背中にあてる

次にブラシを犬の体にあてることに慣らします。フードを与えながらブラシを背中にあててみます。このときブラシは動かしません。

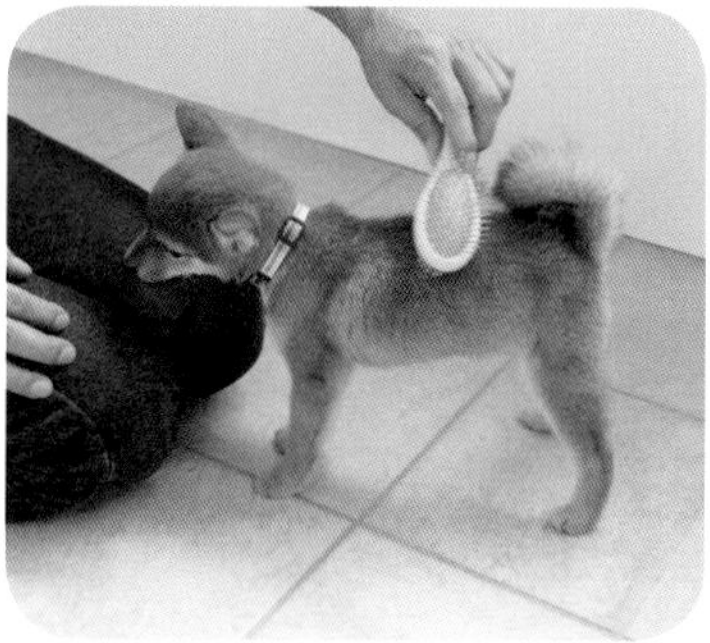

3 コングをなめさせながら ブラッシング

ブラシが体にあたっても気にしなくなったら、少しずつブラシを動かしてみます。犬がブラシを気にしたら「何もしてないよ」と知らんぷりを装いブラシを隠します。コングをなめさせながら行いましょう。

➔P.059 コングの使い方

なんかツヤツヤに
なった…

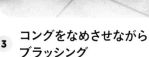

爪切り

用意するモノ

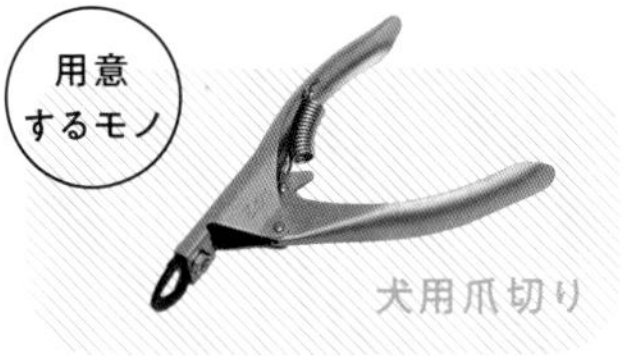
犬用爪切り

爪切り前

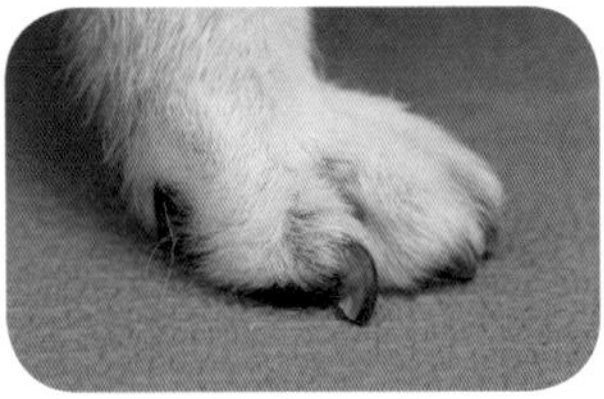

爪切り後

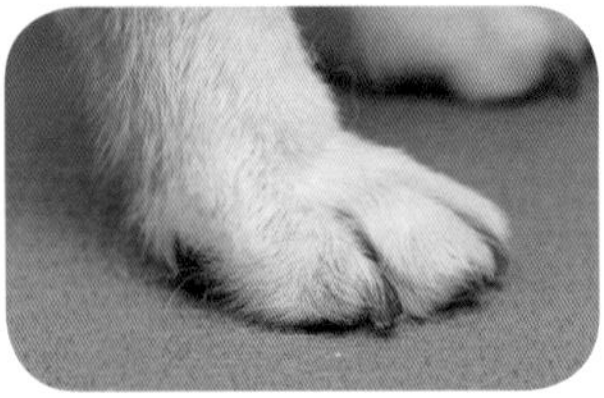

足を床に着けたとき、爪は床に着いていない長さが目安。爪切りは痛い思いをさせると足を触らせてくれなくなるなどリスクが大きいケアなので、信頼関係が十分にできていないうちはプロに任せるのがおすすめ。3週～1か月に一度、カットすれば十分です。

散歩で自然に削れて
爪切りが必要のない
犬もいますよ

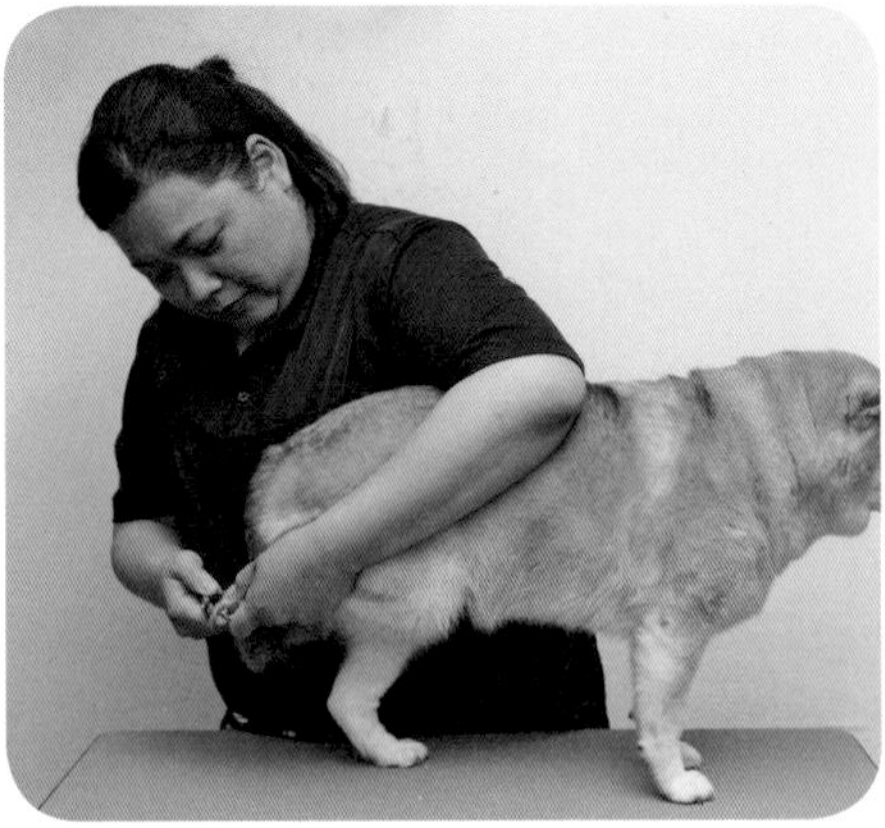

1 犬を保定する

足先を後ろ向きに折り曲げるようにして保定すると、足を動かしにくくなり安全に切ることができます。足を持つ腕で犬の胴体を押さえます。

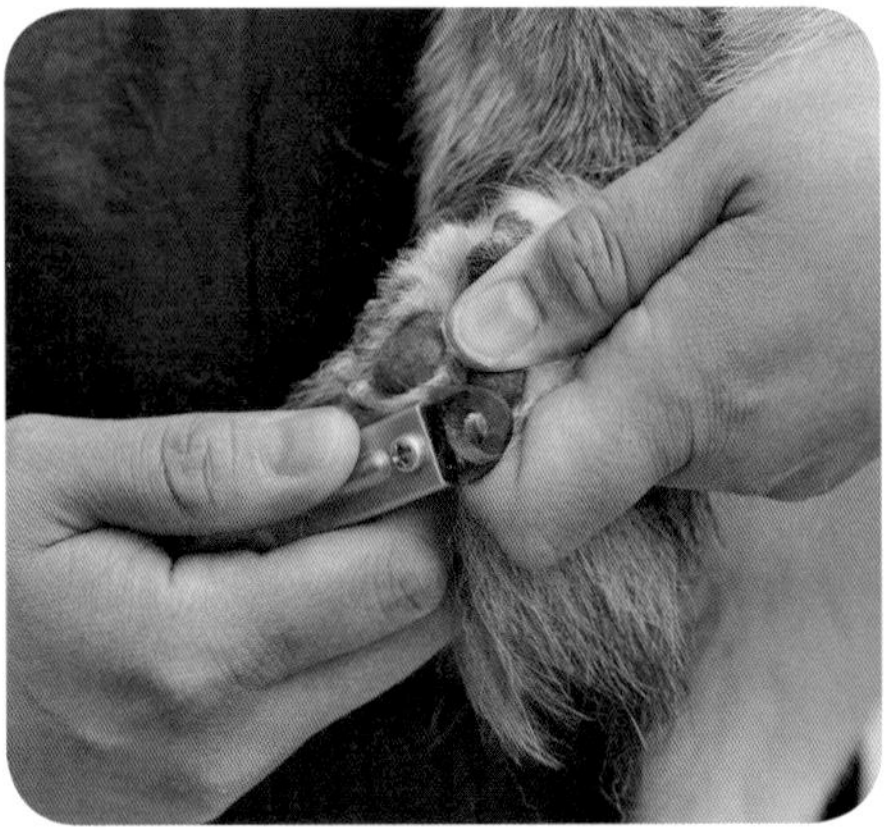

2 爪の先をカットする

爪の根元には血管と神経が通っているため深爪は禁物です。まずは垂直に切り落とし、上下の角を落として先を丸く仕上げます。爪やすりがあれば使っても。

ブラッシング

用意するモノ

ラバーブラシ

獣毛ブラシ

トリミングナイフ型ブラシ
（ファーミネーター）

ブラシは使い勝手のよいものを選んで。

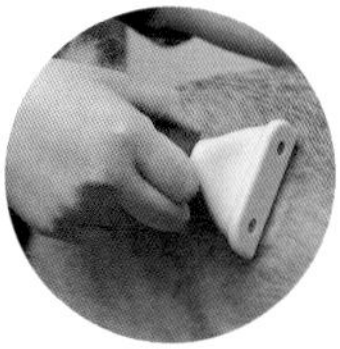

ブラシの持ち方

トリミングナイフ型ブラシはグーの手で握ると力が入りすぎてNG。指先で持ち軽くあてるのが◎。自分の腕にあてて力加減の確認を。

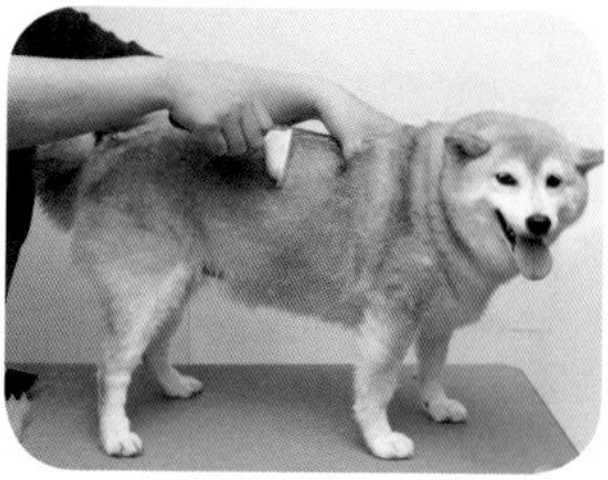

毛の流れに沿ってブラシをかける

最も抜け毛が多い背中を中心に全身をブラッシング。皮膚に異常がないか健康チェックも兼ねて行います。換毛期は毎日、それ以外も週に一度は行います。

耳掃除

用意するモノ

イヤークリーナー

コットン

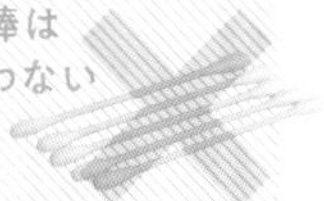

綿棒は使わない

綿棒で耳の奥まで掃除しようとすると、耳の中を傷つけてしまうことが。ひどい汚れは診察が必要です。

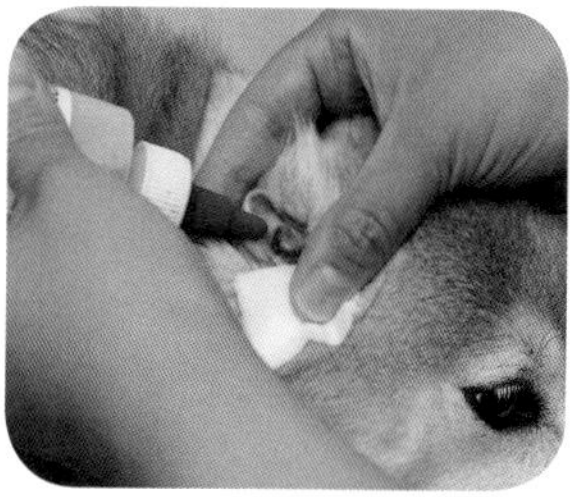

1 イヤークリーナー液を耳の中へ入れる

液体を耳の中に流し込み、耳のつけ根部分をもんで液体を行き渡らせます。液体を使う分だけ別の容器に移し替え、人肌程度に温めておくと犬が驚きにくくなります。

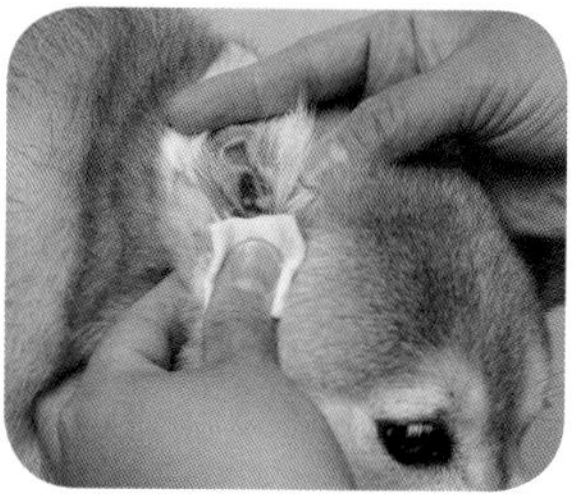

2 液体をコットンで吸い取る

あふれた液体を吸い取り、耳の見えている部分をコットンで拭きます。耳の中に残った液体は犬が首を振って飛ばします。

シャンプー

用意するモノ

手桶

シャワーの音を怖がる場合は、浴槽のお湯を手桶でかけると◎。

シャンプー・リンス剤

犬と人の皮膚のpHは異なるため必ず犬用のものを。手早く済ませたい場合はリンスインシャンプーもあります。

ドライヤー

タオル

吸水速乾のタオルがあると便利。

スポンジ

泡立てネット

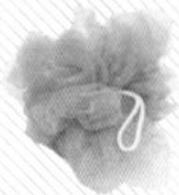

風呂場＆シャワーへの慣らし方

シャンプーを恐怖の時間にしないために、あらかじめ風呂場やシャワーの音に慣らすことが必要です。慣れるまではサロンでシャンプーしてもらうのが◎。

1 風呂場でフード

まずは空間に慣らすために、風呂場でフードを与えます。

2 シャワーヘッドに慣らす

シャワーヘッドを水を出さない状態で犬に向けつつ、フードをあげます。

3 シャワーを出してフード

犬にかからない場所にお湯を弱めに出しながらフードをあげます。様子を見ながら水量をじょじょに上げていきます。

4 足先にシャワーをかける

足先にお湯を一瞬かけ、すぐにフードをあげます。犬の様子を見ながらお湯の当たる場所、水量、時間などをレベルアップします。

シャンプー前にブラッシングと爪切りを。体調不良のときはシャンプーは控えて、ドライシャンプーなどで対応しましょう

1 シャンプー剤を泡立てる

ボウルの中でシャンプー剤とお湯を混ぜ、泡立てネットで泡を作ります。

2 おしり➡首の順で濡らす

お湯の温度は37〜38℃。顔が濡れると首をブルブルと振るなど動きが多くなるため、顔はまだ濡らしません。

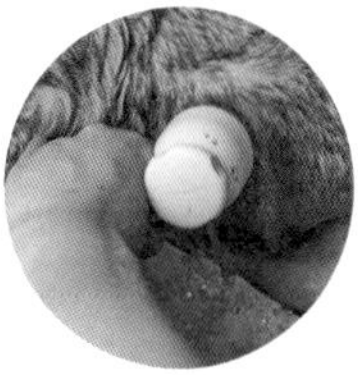

シャワーヘッドを体に密着させると音や刺激が小さくなります。シャワーが嫌いな犬は桶でお湯をかけたり、ホースを使用すると◎。

3 泡立てたシャンプー剤を体に乗せてもみこむ

泡を体に乗せて優しくもみこみます。ゴシゴシこすらないように。

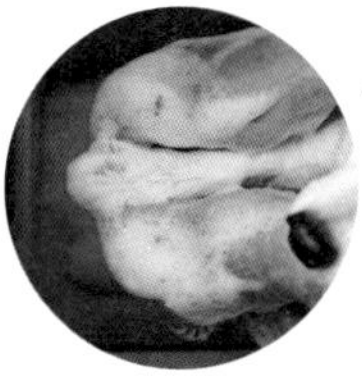

汚れやすい足先は念入りに。

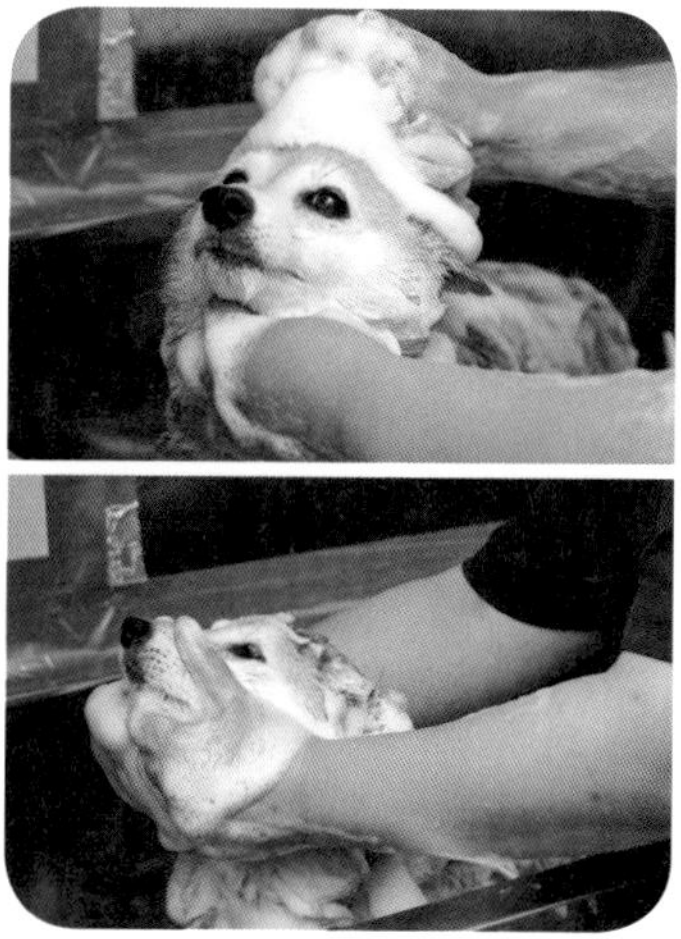

4 顔を洗う

最後に顔を濡らして洗います。目や耳の中に泡が入らないよう注意して。

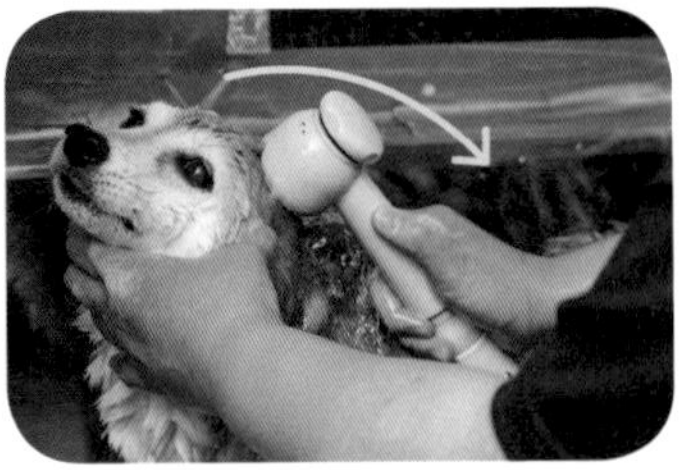

5 顔→おしりの順ですすぐ

すすぎは顔から。耳介を寝かせるように押さえると耳の中に水が入りません。脇、内股、しっぽのつけ根などはすすぎ残しが多いので注意。その後二度洗いをしてもよいでしょう。

スポンジに含ませたお湯を絞ってすすいでも。繊細な顔まわりにはおすすめです。

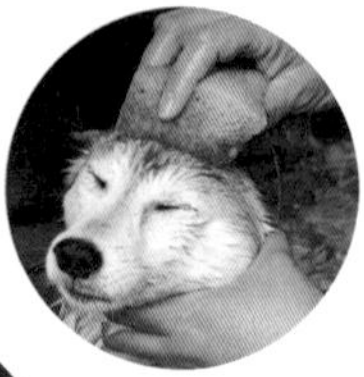

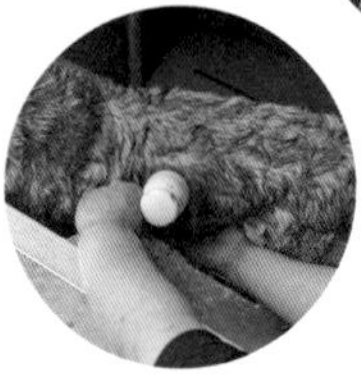

体の下側はシャワーのお湯を手のひらで受けるようにしてすすぎます。

6 リンスをつけてすすぐ

リンス剤を手のひらに取り、顔以外の全身に塗布します。その後 5 と同じようにすすぎます。

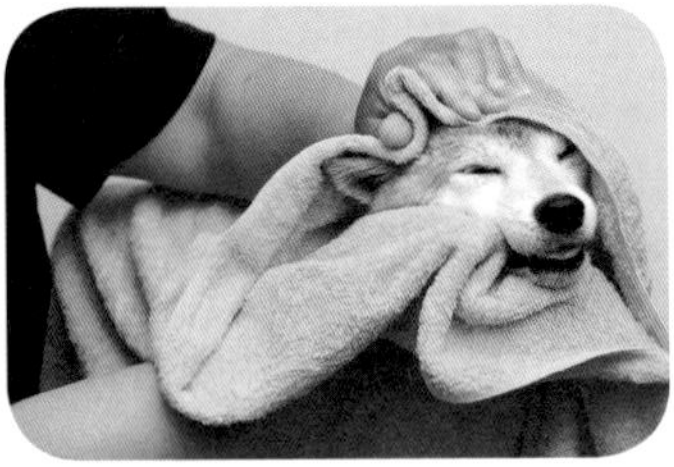

7 タオルドライ

タオルでしっかり水気を取ります。犬がブルブルと体を振るならさせてあげましょう。

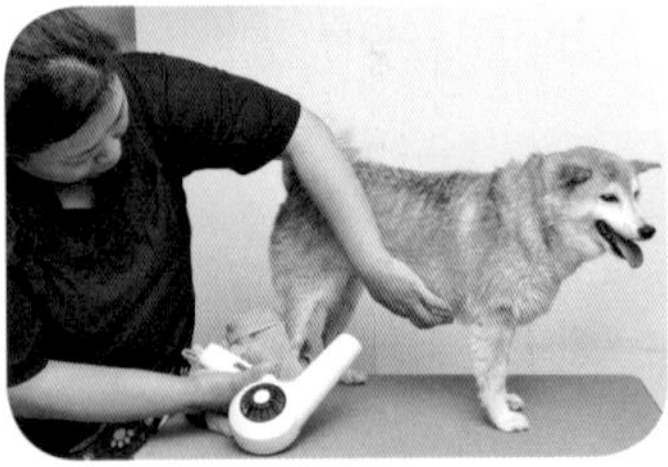

8 ドライヤーで乾かす

体から20cmくらい離してドライヤーをあてます。左右に振りながらあてると熱くなりすぎません。まずは冷やしたくないおなかから、指でこすりながら乾かします。最後に冷風で乾き残しをチェック。乾いてない部分は触ると冷たいのでわかります。

顔は最後に微風で乾かします。体を乾かしているうちに自然に乾いていることも。

歯磨き

用意するモノ

歯ブラシ

犬用歯ブラシまたは人間の子ども用歯ブラシ
(ヘッドの小さいもの)。

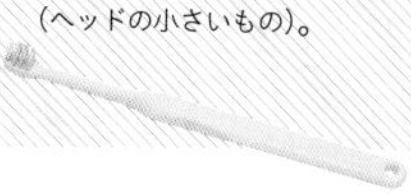

犬用歯磨きペースト

塗るだけでも歯周病予防の効果があります。

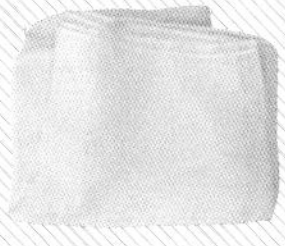

ガーゼ

指に巻いて歯をこすります。

歯磨きの慣らし方

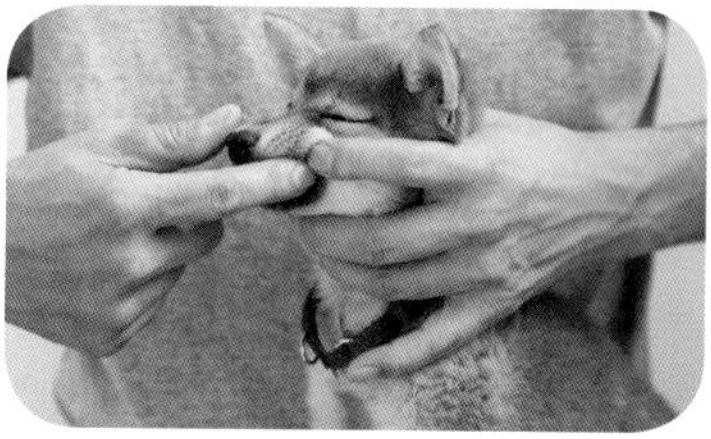

1 口の中に指を入れられることに慣らす

チーズなどを使って、指を入れられても気にしないように慣らします。慣れたら、歯磨きペーストを指につけて同様に慣らします。

➔P.079 口の中に指が入ることに慣らす

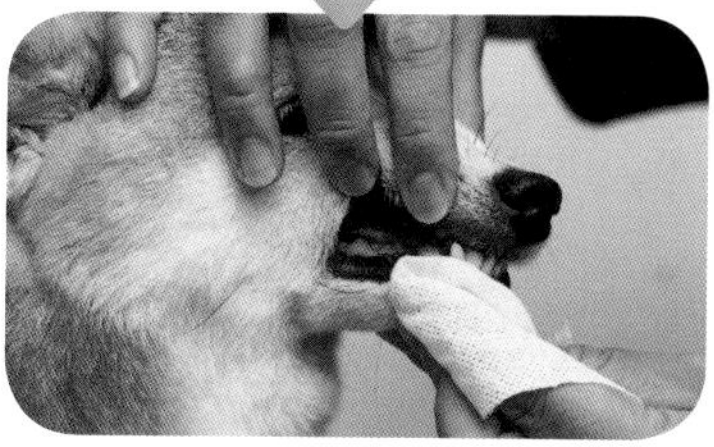

2 ガーゼを使って歯磨き

指にガーゼを巻き、水に濡らしてから歯をこすります。慣れたらガーゼに歯磨きペーストをつけて同様にこすります。

3 歯ブラシに歯磨きペーストをつけてなめさせる

歯ブラシにペーストをつけて鼻の前に差し出せばなめるはず。歯ブラシは水で濡らして軟らかくしておきます。

4 ブラッシング

なめさせたらすぐブラッシングを数秒行います。3〜4をくり返して歯磨きに慣れさせます。永久歯が生え揃う7〜8か月齢ごろまでに慣らしたいもの。

愛する銀柴さんとの暮らし

見た目だけでなくしぐさや行動にも変化があります。
わざと人の足を踏んでいく
ぐっ
耳が遠くなったので苦手なカミナリにも気づかない
ゴロゴロ
スヤスヤ
よかったね
ちょっと淋しいけど…
テツはクールなふりして私のことをよく見ていました。
私が疲れていそうだと感じると、早目に散歩をきりあげようとする。
エッ、帰るの？
キリッ
自宅方向
長年よりそってきたからこそ通じ合えることがあるのです。
帰るよ

シニアになるってこういうこと

老化のサイン

白内障になる子も

視力が衰えてものにぶつかることが多くなったり、壁伝いに歩いたり、散歩を嫌がるようになります。

耳が遠くなる

いままで反応していた音や声に反応しなくなります。

白い毛が増える

いわゆる白髪。ほかに新陳代謝が衰えて換毛がなかなか進まなかったり、毛ヅヤがなくなったりします。

しっぽが下がりがちになる

筋力が弱まり、腰やしっぽ、頭が下がり気味になります。

爪が伸びがちになる

運動量が減って爪が自然に削れることが減るため、爪切りは必須。伸びた爪で歩くと関節の負担になります。

➔P.192 爪切り

歯磨きしていないと口臭がするように

歯磨きの習慣がないと歯周病を起こし、口臭がきつくなります。歯の痛みで食欲がなくなることも。

➔P.197 歯磨き

寝ている時間が増える

1日の大半を寝て過ごすように。ただし病気が原因でぐったりしている場合もあるので必ず定期検診を受けましょう。

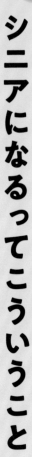

散歩

屋外の刺激が脳にいい影響を与える

歩けるうちは散歩に出かけて筋力をキープしましょう。ゆっくりと歩く愛犬に気長につき合う気持ちで。

歩けなくなったらカートで外を回るだけでもいい刺激に。行きは歩き、帰りはカートにして負担を減らす手も。

食事

シニア用フードに変更。ふやかして食べやすくしても

ドライフードを食べられているなら若いころと同じように手で与えてOK。ドライフードを食べにくそうにしている犬には、ドライをお湯でふやかしたものやウエットフードを与えます。フード皿は台に置いてあげると食べやすくなります。

室内

お気に入りの場所に行けるよう階段を置くなどの工夫を

足腰が弱くなってソファなどに上がれない場合、台や犬用ステップを置いて上がれるようにしてあげると◎。家具の配置はなるべく変えず、障害物になる余計なモノは片づけます。

介護が必要になることもある

排泄

飼い主も犬も負担の少ない方法を見つけよう

足腰がふらつく犬は、腰を支えるハーネスで排泄を手助けします。

部屋のあちこちで排泄してしまう場合、サークルなどで囲った一区画全面にトイレシーツを敷きます。犬用オムツをするのも◎。

食事

自力で食べられなくなったら食事介助が必要

ウエットが食べられるなら団子状にしたものをスプーンなどで口元に運びます。流動食はシリンジで流し込みます。いずれも犬の上半身は起こした形にし、飲み込む様子を確認しながら少しずつ食べさせます。

介護生活は長くなりがち。飼い主さんも休息を！

愛犬が高齢になったり病気に臥せったりすると、食事や排泄の介護が必要になります。介護の方法はさまざまあるので、かかりつけの獣医師と相談しながら自分が続けやすい方法を見つけましょう。

大切なのはひとりで抱え込まないこと。ひとりで抱え込むと、人間の介護と同じで、いつ終わるともしれない介護生活に疲れ切ってしまいがちです。ときには病院に預けたり、ペットシッターを利用するなどして休息をとりましょう。愛犬だってあなたの疲れ切った顔は見たくないはずです。

寝たきりになったら

体圧分散マット などに寝かせる

床ずれを防ぐためには、体圧分散マットに寝かせるのが効果的。頬の下などにあてる専用のクッションもあります。

数時間ごとに 寝返りをうたせる

床ずれを防ぐために、2〜3時間おきに体の向きを変えたほうがよいとされています。その際、抱きかかえて上半身を一度起こすだけでも血行がよくなります。

床ずれが起きやすい部分

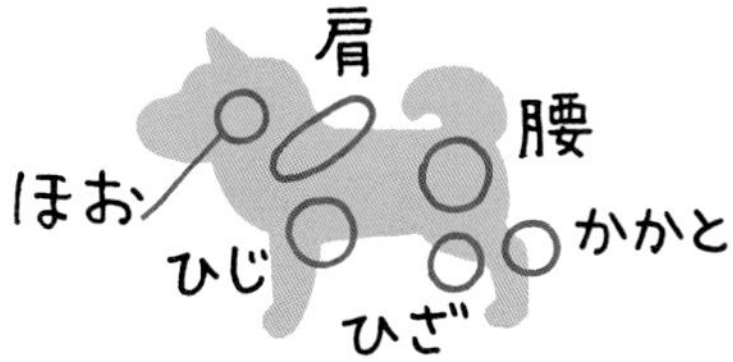

排泄物はトイレシーツで 受け止める

おしりの下にトイレシーツを敷き排泄物を受け止めます。おしりまわりがどうしても汚れるので、水を使わないシャンプーをしたりして清潔を保ちましょう。

知ってる？

柴犬は認知症になることも多い

柴犬は遺伝的に認知症になりやすい犬種です。認知症になると鳴き続けたり、ごはんをしょっちゅう食べたがる、徘徊するなどの症状が見られます。部屋の中で自由にさせていると、ウロウロと徘徊したのち家具の隙間などにはまっていることも。円状のサークルに入れておくと壁沿いに歩き続けられ、そういった心配がありません。

柴犬がかかりやすい病気を知ろう

膝《しつ》蓋《がい》骨《こつ》脱臼（パテラ）

原因　膝関節の発育不全や靭帯の異常により、膝の関節上にある皿（膝蓋骨）がずれる。それによって関節や靭帯が傷つくこともある。

症状　痛みで足を引きずる、足を浮かせて歩く、曲げにくそうにする、遊んでいるときに急に鳴くなど。

予防・治療　内服薬やレーザー治療などを行い、運動制限や体重制限で再発を防ぐ。重度の脱臼や骨の変形がある場合は手術を行う。滑りにくい床にすることや、後ろ足の屈伸エクササイズ、マッサージなどで予防する。

病気は早期発見、早期治療が鉄則

どんな犬種も、遺伝的にかかりやすい病気があります。その病気の症状などを頭に入れておけば、症状にいち早く気づくことができます。どんな病気も早期発見・早期治療すれば回復もそれだけ早くなります。

また、目に見えない症状に気づくためには定期検診が必要。血液検査などの数値で発見できる場合も多々あります。何かしらの異変に気づいたときはもちろん、何も問題ないときでも年に一度は健康診断を受けましょう。

アトピー性皮膚炎

原因　ダニやカビ、花粉、ホコリなどにアレルギーを起こし皮膚の炎症が起きる。梅雨時期に悪化することが多い。

症状　目元や口元、耳、足のつけ根、腹部などにかゆみや脱毛が慢性的に現れる。色素沈着により皮膚が赤黒くなる。

予防・治療　内服薬や塗り薬で症状を抑える。シャンプーでアレルゲンを洗い流し保湿するなどで予防する。室内を清潔にする、空気清浄機を利用することも予防になる。アレルゲンに慣らしていく減感作療法もある。

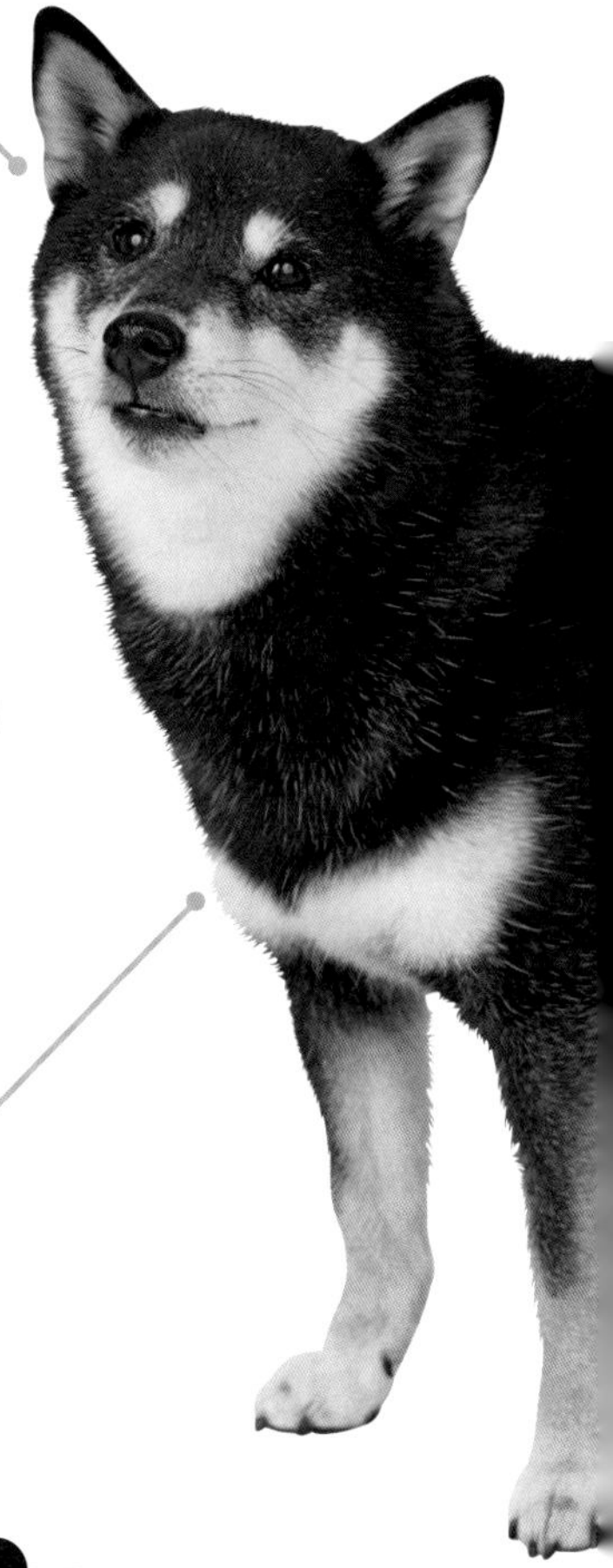

僧《そう》帽《ぼう》弁《べん》閉鎖不全

原因　心臓の僧帽弁が変性することで血液が逆流し、体に十分な血液が行き渡らなくなる。犬で最も多い心臓病。

症状　初期は無症状。進行すると運動を嫌がったり咳などが見られる。重症になると肺水腫や呼吸困難、失神など。

予防・治療　心臓の負担を減らす降圧剤や心機能を高める強心剤を投与する。食事療法と運動制限も必要。専門病院では人工弁に取り換えるなどの手術も。肥満や塩分の高い食事は心臓に負担をかける。定期検診で早期発見に努める。

知ってる？

致死性の遺伝病

「GM1ガングリオシドーシス」という遺伝病は効果的な治療法がなく、1歳くらいで死亡してしまいます。親から遺伝するため、適切な繁殖をさせているブリーダーからもらった犬なら問題はありません。遺伝子検査を行っている店もあります。

くれた柴犬さんたち

影山こまちゃん

COVER & OTHERS
だいふくさん

影山テツくん

ヒロちゃん

岡みいなちゃん

岡ごまめちゃん

すずちゃん

藤井鈴かすてらちゃん

藤井まめ大福くん

Thank you!

撮影に協力して

右田モモちゃん

佐藤つくねちゃん

佐藤ごまちゃん

永友豊来ちゃん

アサヒちゃん

大久保モモちゃん

坂井きなこちゃん

ココちゃん

加藤モコちゃん

蔵本健太郎くん

小島小夏ちゃん

種村銀くん

監修　西川文二（にしかわ　ぶんじ）

Can！Do！Pet Dog School 主宰。公益社団法人 日本動物病院協会認定 家庭犬しつけインストラクター。早稲田大学理工学部卒業後、コピーライターとして博報堂に10年間勤務。1999年、科学的な理論に基づくトレーニング法を取り入れた、家庭犬のためのしつけ方教室 Can！Do！Pet Dog School を設立。著書に『子犬の育て方・しつけ』（新星出版社）、『うまくいくイヌのしつけの科学』『しぐさでわかるイヌ語大百科』（ともにソフトバンククリエイティブ）など。雑誌『いぬのきもち』（ベネッセコーポレーション）登場回数最多監修者（創刊10周年時）。
http://www.cando4115.com/

マンガ・イラスト
影山直美（かげやま　なおみ）

柴犬との日々を題材にした作品が人気のイラストレーター。主な著書に『柴犬さんのツボ』シリーズ（辰巳出版）、『うちのコ 柴犬』シリーズ（KADOKAWA）、『柴犬テツとこま のほほんな暮らし』（ベネッセコーポレーション）など。

編集・執筆
富田園子（とみた　そのこ）

ペットの書籍を多く手掛けるライター、編集者。日本動物科学研究所会員。編集・執筆に『マンガでわかる犬のきもち』（大泉書店）、『フレブル式生活のオキテ』（誠文堂新光社）、『ねこほん 猫のほんねがわかる本』（西東社）など。

STAFF
カバー・本文デザイン　室田 潤（細山田デザイン事務所）
撮影　横山君絵
写真　Getty Images

SPECIAL THANKS
ペットサロン プチテール、Happy-spore

はじめよう！ 柴《しば》犬《いぬ》ぐらし

2020年 1 月10日発行　第 1 版
2024年 1 月10日発行　第 1 版　第 7 刷

監修者　西川文二
発行者　若松和紀
発行所　株式会社 西東社
〒113-0034　東京都文京区湯島2-3-13
https://www.seitosha.co.jp/
電話03-5800-3120（代）
※本書に記載のない内容のご質問や著者等の連絡先につきましては、お答えできかねます。

ISBN　978-4-7916-2848-3